U0886499

华中科技大学"青春力行"系列丛书

HUST Youth Power Social Practice Series

走进中国"芯"

华中科技大学"中国芯"主题社会实践纪实

主编　李玲　姜波　张虎

華中科技大學出版社
http://press.hust.edu.cn
中国·武汉

图书在版编目（CIP）数据

走进中国“芯”：华中科技大学“中国芯”主题社会实践纪实/李玲，姜波，张虎主编. —武汉：华中科技大学出版社，2023.6
ISBN 978-7-5680-9591-4

Ⅰ.①走… Ⅱ.①李… ②姜… ③张… Ⅲ.①芯片-调查报告-中国 Ⅳ.①TN43

中国国家版本馆 CIP 数据核字（2023）第 108883 号

走进中国“芯”：
华中科技大学“中国芯”主题社会实践纪实
Zoujin Zhongguo “xin”:
Huazhong Keji Daxue “Zhongguoxin” Zhuti Shehui Shijian Jishi

李玲　姜波　张虎　主编

策划编辑：周清涛　庹北麟
责任编辑：庹北麟
封面设计：廖亚萍
责任校对：张汇娟
版式设计：赵慧萍
责任监印：周治超
出版发行：华中科技大学出版社（中国·武汉）　电话：（027）81321913
武汉市东湖新技术开发区华工科技园　邮编：430223
录　　排：华中科技大学出版社美编室
印　　刷：湖北恒泰印务有限公司
开　　本：710mm×1000mm　1/16
印　　张：16.25　插页：2
字　　数：260 千字
版　　次：2023 年 6 月第 1 版第 1 次印刷
定　　价：98.00 元

华中出版

序言

PREFACE

自集成电路诞生以来，美国依靠在半导体芯片产业的科技主导地位及强大的金融力量等，深刻影响着全球主要芯片产业链企业的决策。我国芯片国产化需求极其紧迫，国产替代之路困难重重。2018年，来自太平洋彼岸的一则禁令更是犹如一记重锤，让国人们感受到一颗小芯片的分量，也不禁引人反思：中国的集成电路产业该如何发展？怎么才能制造出拥有国际先进水平的“中国芯”，让中国的电子产业不再受制于人？

实干报国，实业兴邦。制造业是国民经济的基石，是立国之本、兴国之器、强国之基。在新时代，已是制造大国的中国，要实现发展的提质增效，必然要经历由大到强的转变。而以芯片产业为核心的制造业信息化、现代化，是中国向“智”造强国迈进的必由之路。以集成电路为核心的芯片制造产业是当今信息技术产业高速发展的基础和原动力，其技术水平和发展规模已成为衡量一个国家产业竞争力和综合国力的重要标志之一。然而，不断升级的技术封锁与制裁、核心技术被“卡脖子”导致对外依存度高、产业人才队伍缺口大且不成体系等瓶颈仍困扰着我国产业的升级。为此，破解发展难题、倾力打造“中国芯”，不仅是对当下现实诉求的深切回应，更是凝聚整个民族的期盼与追求的共同理想，激励着无数从业人员和“芯”青年们为之坚毅持守、慷慨趋赴。

华中科技大学光学与电子信息学院为全面贯彻落实党的十九大、二十大精神，在“两个一百年”奋斗目标的时代号召下，以习近平新时代中国特色社会主义思想为指导，成立了“中国芯”寻梦实践团队，对当前的中国芯片产业发展情况进行实地调研，以广泛的调研群体、翔实的一手资料、深入的数据分析为“中国芯”突破困局提供启示、注入动力。

2018年，光学与电子信息学院“走进‘中国芯’，践行‘中国梦’”团队耗时一个月，奔赴上海、武汉、北京、深圳等地的百余家企业、高校、协会机构，开展芯片生产全流程调研。2019年，“光电‘芯’青年，建功新时代”团队直面大国重器忧“芯”痛，深度访谈芯片行业优秀校友，为树人纳贤启“芯”章。2021年，“奋斗百年路，启航‘芯’征程”团队从行业大局出发，借助校友资源，进一步剖析“芯”青年队伍。2022年，“青春心向党，擘画‘芯’未来”团队聚焦于光电子信息行业及其人才需求等状况，通过实地考察走访以把握现实情境、明确发展需求。

2018年至2022年，600余名师生耗时5年，充分利用线上线下多种渠道，探访100余所业内单位，足迹遍布12座城市，为探索产业发展现状、助力中国芯片事业腾飞赓续前行。实践团队立足自身实际，对调研全过程进行系统性的总结与呈现，获得极目新闻、今日湖北、大学生网等多家权威媒体的追踪报道。实践项目从零开始，一路走来成果斐然：2018年荣获全国暑期“三下乡”社会实践活动优秀团队、湖北省暑期“三下乡”社会实践活动优秀团队称号；2019年获湖北省第十二届“挑战杯”大学生课外学术科技作品竞赛一等奖、湖北省实践育人特色项目重大资助；2021年入选中宣部主题出版重点出版物选题（电子音像），获全国大学生暑期百强社会实践团队、湖北省优秀大学生社会实践团队称号；2022年入选国家出版基金资助项目。项目成果入选教育部新工科研究与实践项目“光电信息学科多方协同育人模式改革与实践”，支持了中国工程院课题“新时代工程科技人才培养研究”，支持了国家教学成果二等奖“价值引领、能力驱动，自主培养集成电路创新人才”。

基于“中国芯”团队历经五载的实践历程与成果，本书将对这趟探究我国集成电路产业的寻梦之旅进行全面总结与展示。全书内容分为三个部分。第一部分回顾五年内开展的四次社会实践的经历，着眼产业发展，基于一手数据，对中国芯片产业的发展现状进行阐述；紧扣人才培养，深入探究芯片行业过去十年的人才演变、学缘结构及未来十年的人才需求。第二部分聚焦教育引导，给相关企业、高校以及学生的未来发展提出适当建议；第三部分收录部分实践调研团队队员的深切体会及心得感想，更加真实、生动地展示实践中的点滴收获。

征途漫漫，唯有奋斗。本书立足现实痛点，依据五年来的“中国芯”社会实践，从产业、人才、教育等方面进行深入剖析，一方面可为相关社会实践的开展提供经验借鉴，另一方面也为我国芯片产业发展提供了现实依据，对芯片领域高精尖人才的培养具有启示意义。希望读者可以通过阅读本书，参与这场高校青年学子与行业资深专家关于“中国芯”的跨越千余日夜的漫游与对话。薪火相传、生生不息，号角吹响、足音铿锵，“芯”的璀璨未来不会遥远！

目录
CONTENTS

导言

2018 年上半年，美国制裁中兴，中美贸易摩擦拉开序幕，国内缺“芯”之痛凸显，国内芯片供给雪上加霜。同年 4 月，习近平总书记在湖北武汉烽火科技集团有限公司考察时强调，核心技术、关键技术、国之重器必须立足于自身，科技攻关要摒弃幻想、靠自己。为落实习近平总书记这一讲话精神，不负总书记对青年“有理想，有本领，有担当”的期望，探明困扰中国“芯”发展的瓶颈问题及深层原因，2018 年 6 月，华中科技大学组建“中国芯”大学生社会实践调研团队（下称“中国芯”实践团队），在全国高校率先举旗，走出校园，走近芯片产业，以“中国芯的现状如何破局”“中国芯青年人才如何培养”等命题为突破口，开展了历时五年的“中国芯”主题社会实践深度调研。这是一场“行走的思政课”，实践队员在这五年时间里持续深耕，步履不停，在实践调研过程中进一步了解了国情民意和芯片产业现状，进一步增强了专业志趣，树立了科技报国的远大理想。

从 2018 年到 2022 年，五年时间里，“中国芯”实践团队共开展 4 次大规模社会实践调研活动，其间因疫情因素于 2020 年短暂停止脚步。围绕中国芯片行业的发展困境及人才需求，600 余名本硕博学生及 20 余位教师，走访了 10 余座城市，调研了 100 余家企业和科研院所，足迹遍及北京、珠三角地区、长三角地区和中西部地区。

顶着炎炎烈日，冒着瓢泼大雨，邂逅台风，偶遇泥石流，火车上争分夺秒整理资料，深夜里挑灯夜战撰写报告，一路辛勤汗水换来了一个个奖杯。“中国芯”实践活动最终形成了数百万字的访谈记录，凝结成数十万字关于芯片产业、芯片人才需求及培养的调研报告，实践活动得了社会媒体的广泛关注和重点报道，校内外各级媒体相关新闻报道有 79 篇，报道点击量超过 10 万次。“中国芯”实践团队获评 2018 年全国暑期“三下乡”社会实践优秀团队、2021 年全国大学生暑期百强社会实践团队，“中国芯”实践项目入选 2019 年湖北省高校社会实践育人特色项目，项目调研报告获 2019 年湖北省第十二届“挑战杯”大学生课外学术科技作品竞赛一等奖，调研成果获 2022 年全国百佳社会实践调研成果，实践团队主编的《中国芯》电子音像出版物入选中宣部主题出版重点选题。

第一节 走进“中国芯”，践行“中国梦”

出发：
2018 年，回应时代命题，开启“中国芯”实践活动探索

芯片产业被誉为信息产业的粮食，是推动中国向“智”造强国迈进的基础产业，关乎国计民生。中国芯片产业长期遭受国外技术封锁，“中兴”危机等一系列事件表明，我国芯片产业正遭受着国际力量的“围追堵截”。面对严重的技术掣肘，探寻中国缺“芯”之因，突破中国缺“芯”困局，迫在眉睫。大国竞争，归根到底是科技实力的较量。事实证明，关键核心产业缺少中国“芯”，已经成为科技强国之路的最大桎梏。多年来，社会各界群策群力寻求芯片突破，为解芯片之困把脉开方，然而“芯”痛难题始终没有从根本上得到解决。为探明困扰中国“芯”发展的瓶颈问题及深层原因，2018 年 6 月，华中科技大学“中国芯”实践团队 80 多名师生以“走进‘中国芯’，践行‘中国梦’”为主题，奔赴北京和珠三角、长三角、中西部地区的多个城市，对 76 所芯片企业、高校及科研机构等进行了为期半年的深度访谈和问卷调查，开启了系列实践调研的第一步。

本次实践调研汇聚了多方力量。来自华中科技大学光学与电子信息学院、经济学院、马克思主义学院的 4 位专业教师和 10 位辅导员参与到调研问卷设计、实地带队走访之中。实践队员包含光电信息科学与工程、经济学、新闻传播学、社会学等多学科的本硕博学生 70 名。共回收 105 份调查问卷，录得深度访谈记录 72 份，整理访谈记录百余万字，撰写调查研究报告数十万字。

2018 年 4 月，学校正式组建成立“中国芯”实践团队，并在全校范围内招募队员。为保证调查问卷的信度和效度，实践队伍用 2 个月时间，召开 20 余次讨论，查阅大量的文献资料、产业发展白皮书，汇集集成电路产业的优秀从业者和高校相关专业的专任教师多次召开专题研讨会，最终

形成集成电路产业现状和人才需求两个版本的调查问卷，并针对企业、政府和高校三个调研主体，设计了三个版本的访谈提纲。同年5月，在对实践队员进行调查研究方法的集体培训后，我们选择武汉部分芯片企业进行预调研，再次对问卷和访谈提纲进行修改完善。6—8月，实践团队调查走访了芯片产业中设计、制造、封装、测试等各个环节的代表性企业、相关高校以及政府机构。而后，又将实践团队的问卷数据和访谈资料进行汇总，利用专业软件进行调查数据的统计分析，分小组进行深入研究和撰写调研报告。

为充分了解芯片行业对于人才的需求，本次调查采用了定量与定性相结合的调研方法。定量层面使用问卷分析法，采取分层抽样与滚雪球抽样，从发展中国芯片产业最具代表性的八个城市——北京、深圳、上海、杭州、无锡、成都、重庆、武汉中，挑选当地最具代表性的企业、高校、研究院和政府部门，共选出76所单位作为调查对象。实践队员分为不同组，按北京线、武汉线、珠三角线、长三角线以及川渝线开展调研。实践团队按照芯片产业公司的发展程度，分别对处于初创期、成长期、发展期的公司进行分层抽样。在各个层次的抽样对象选择上，依托校友资源进行滚雪球抽样，聚焦各公司的技术总监、财务总监与人力资源总监三类高层领导发放相关调查问卷。

定性层面采用半结构式访谈法，对企业、政府和高校三个访谈主体进行针对性的深度访谈，全方位收集“芯片人才培养”的意见。调查范围较为全面，企业方面覆盖了芯片产业全产业链，高校方面囊括了清华大学、复旦大学、电子科技大学、华中科技大学等拥有全国“示范性微电子学院”的重点高校。

实践团队通过深入探究发现，人才问题正是中国“芯”痛的症结所在。“千秋基业，人才为本”，多数受访企业表示，要想打赢芯片产业发展攻坚战，从根本上解决缺“芯”问题，关键在于聚焦芯片人才这个最大痛点，着力解决人才发展难题。在走访中，深圳市芯生半导体有限公司总经理说道：“华中科技大学是第一个来做芯片调研的高校，你们的反应让我们感到欣慰。”

在深入调查芯片企业和芯片人才发展现状的过程中，实践团队积累了大量的一手资料和数据，并据此提出有参考价值的建议，助力解决芯片人才难题，为芯片人才培养建言献策。

第二节 光电“芯”青年，建功新时代

传承：
2019 年，聚焦芯片人才，持续建设“中国芯”社会实践活动品牌

2018 年，“中国芯”实践团队获评全国暑期“三下乡”社会实践活动优秀团队。在其报告成果和实践经验基础上，2019 年，“中国芯”实践团队以新中国成立 70 周年为契机，聚焦“芯”技术，着眼“芯”青年，深入扎根芯片行业的青年校友群体，作出了更加细致、深入的调查研究，并将采访、访谈和问卷资料，整理汇总成调研报告、纪录片和案例集。我们期待，中国“芯”青年为国家需要矢志创新、迎难而上的精神，能够引领当代青年学生群体明确历史使命、勇于承担时代责任。

此次调研，实践团队在华中科技大学近 10 年的毕业生中，选取了部分有代表性和典型性的优秀校友开展寻访和访谈。实践团队兵分多路，走进武汉、上海、西安、深圳、福州 5 个地区，走访了 45 位校友。这些优秀的中国“芯”青年，对我国的科技事业充满热情，而他们的责任担当，也激励着“中国芯”实践队员以及更多的青年学子去响应时代召唤，实现人生价值。

本次社会实践从 2019 年 6 月 10 日正式开始，经过近一个月的前期筹备工作，7 月中旬至 8 月上旬，队员分成三支队伍，前往联络好的企业、高校及研究所、相关职能部门等对已毕业的光电青年进行访谈和采访；8 月中旬至 9 月中旬，实践团队开展本次社会实践的后期总结工作，包括整理资料和数据、数学建模分析、撰写调研分析报告和开展宣传工作等。

通过走访校友，实践团队对青年校友的发展历程有了更多了解，为高校人才培养和政府进一步贯彻落实“科教兴国、人才强国”战略提供了更务实的建议。此次社会实践，既是一次带领学生走出校园、走向社会的实践调研，也是一堂引导学生树立远大理想、坚定理想信念的思政课。实践队员访谈的“芯”青年，既是华中科技大学的优秀校友，也是青年的榜样。实践队员通过与他们的交流、对话，可以将其优秀品质内化于心、外化于行，培养奋斗精神和创新精神，勇立历史潮头，勇担历史使命，促进自身发展。本次实践活动深入挖掘了“芯”青年事迹，实践队员通过总结整理相关案例，分析提炼其内在因素，建立了职业胜任力模型，为职场胜任力、大学生职业素养等理论层面的研究提供支持。

华中科技大学光学与电子信息学院学生规模大，每年向社会各领域输送近千名高素质人才，在光电子信息领域，形成了“华中大光电校友群”现象。武汉光谷超200多家科技企业、国内磁性材料研究领域、通信光电子器件研发和生产领域等都充满本院毕业生的身影。另外，学院毕业生中有一大批已成为优秀学者，例如国际顶尖生物医学光子学专家汪立宏，美国总统奖获得者蔡威，国家杰出青年和长江学者骆清铭、张靖、曾绍群等；还有一大批成了商界精英，如传神公司何恩培、华为技术有限公司郑宝用，以及IT风云人物李一男；更有一大批年轻校友还在自己的领域默默奋斗和不断进取，例如2004级毕业生金亦冶入选福布斯30岁以下创业者榜单，最近几年评选的全球光子学领域“十佳研究生”中有4位是本院的本科毕业生。“云山苍苍，江水泱泱，先生之风，山高水长。”这些“芯”青年的责任与担当，将激励更多的青年人响应时代召唤，实现人生价值。

本次实践活动对近年来“芯”青年的从业方向作了系统整理，为相关专业的招生计划和培养计划的制订提供了科学的参考依据。实践活动形成了近十万字的人物访谈录、《光电“芯”青年，建功新时代》纪录片和芯青年优秀校友案例集，有效激发了光电学子的使命感和责任感，也为解决芯片人才不足、人才断层等问题提供了有效指导。

第三节 奋斗百年路，启航“芯”征程

发展：
2020—2021 年，构建人才培养体系，丰富“中国芯”专业思政实践课内涵

2021 年，华中科技大学获批成立国家集成电路产教融合创新平台，并依托光学与电子信息学院建立了集成电路学院。值此契机，在积累了 3 年的调研素材之后，“中国芯”实践团队进一步聚焦集成电路产业人才培养体系建设，以“奋斗百年路，启航‘芯’征程”为主题再次启程，围绕集成电路学科人才培养开展系列调研。

2021 年 7—8 月，华中科技大学光学与电子信息学院组织 200 余名师生，以研究产教融合经验为主要目的，充分结合访谈法、问卷调查法，从产业发展和人才培养两个方面开展深入调研。

首先是深入武汉的 12 家芯片企业，了解偏向 EDA 类、工艺类和设计类等不同方向的芯片企业发展实况。实践队员对相关集成电路企业的高管人员和 HR 作了深入访谈，与 50 余名企业精英骨干开展座谈，了解企业人才需求现状和痛点，厘清集成电路产业人才需求。

其次是采访集成电路系教师，了解高校集成电路人才的培养情况；对话教科院教师，了解专业教学研究员对人才培养的观点。

在本次社会实践调研活动中，实践团队从人才培养目标、人才培养规模、课程体系设置、师资力量培养、实践项目评选、奖项比赛激励和企业实习基地等七大方面入手，系统全面地分析了我国集成电路产业人才供给与需求错位、产教脱节的现状，点明集成电路产业人才供需错位、技术领军人才一将难求的问题，为学院课程优化改革、集成电路一级学科建设、芯片行业人才培养提供了第一手的调研资料和工作建议。

实践团队通过全面考量芯片产业链，深度调研院校芯片行业人才培养体系、校企联合制度、政府部门人才培养目标，掌握了大量一手数据。调

研数据显示，当前，有相关经验的芯片人才供给不足，制约着我国芯片产业的总体发展。实践团队进而依据环境匹配理论，采用综合全面的因素分析，由微观到宏观、由浅入深地探讨人才供需困局的表现和原因，指出高校人才培养一定要重视基础学科知识的传授，提高教师个人能力，吸收国外先进课程经验。

本次社会实践活动，形成了数十万字的访谈记录、十余万字的人才培养报告，提出了“推进改革、完善体系、审度自身、挖掘人才”的破局之策，有利于集成电路学院综合性人才培养方案落地实施。实践活动被创青春、极目新闻、今日湖北等媒体关注并报道，报道总浏览量达 38000 余次，引发社会广泛关注。

第四节 青春心向党，擘画“芯”未来

拓展：

2022 年，探索武汉光电子信息产业版图，助力光电子信息产业人才培养

党的十八大以来，习近平总书记于 2013 年、2018 年、2022 年三次考察光谷。2022 年 6 月 28 日，习近平总书记在武汉光谷考察时指出，湖北武汉东湖新技术开发区在光电子信息产业领域独树一帜，要加强技术研发攻关，掌握更多具有自主知识产权的核心技术，不断延伸创新链、完善产业链，为推动我国光电子信息产业加快发展作出更大贡献。“光电子信息产业是应用广泛的战略高技术产业，也是我国有条件率先实现突破的高技术产业。”总书记的一句话，道出了他十年三至光谷的原因。湖北省委省政府高度重视光谷发展建设，提出将“中国光谷”建设成为“世界光谷”的战略设想，打造万亿级的光电子信息产业集群。值此契机，“中国芯”实践团队以“青春心向党，擘画‘芯’未来”为主题，以服务光电子信息产业建设和人才培养工作为目标，开启了新一期的暑期社会实践活动。

2022年8月22日，实践团队前往激光行业的领军企业——华工激光参观生产车间展览室，并与部门经理座谈。8月23日，实践团队前往武汉烽火通信，着重了解光通信产业中光传输、光纤、光缆方面的应用。8月24日，实践团队在武汉飞思灵微电子技术有限公司继续开展实践调研活动。在公司技术应用发展前景展区，队员们观看了科技感十足的灯光展演，该展演传达了公司努力突破技术封锁，满足国家重大战略需求的决心。实践队员们也了解了光电子技术在民生领域各方面的应用及其对于国家的重要战略意义。展厅参观结束后，实践队员来到会议室，聆听关于行业现状与公司技术优势的介绍，队员由此更加了解国内高端芯片领域的发展情况和国内光电子企业对高科技人才的技能要求，以及企业培养工程人才的机制与经验。8月25日，实践团队对长飞光纤光缆公司工作人员进行了访谈，着重谈论该公司的产业链布局和经营策略。8月26日，实践团队前往华中科技大学光电大楼会议室与马东明教授就光纤光学等许多新兴光学技术进行深入交流。

实践团队以线上线下相结合的方式，通过问卷发放、行业走访、专家访谈等形式，围绕中国光谷光电子信息产业发展现状及未来人才需求情况，精心挑选激光、光电子器件、光通信、集成电路行业中的代表性企业开展调研：走访光电子生产线，亲身实地感受大国重器带来的震撼；访谈企业精英骨干，分析企业招聘刚需与学校课程培养方案差异。同时，实践团队向人才供需两端发放问卷，收集相关数据并进行整理分析，探寻校企共同发展的策略。通过调研，实践队员完成了近十万字的中国光谷光电子信息产业发展现状及未来发展研究报告，为光电子信息产业人才培养和产业发展贡献了力量。

『结　语』

五年磨一剑，青春再出发。五年时间里，“中国芯”系列社会实践始终以培养具有家国情怀、勇担时代使命、立志科技报国的青年学子为目标。参与“中国芯”实践活动的学生中，本科生有99%升学深造，聚焦于芯片技术研究方向，直接就业的本科生也全部投身芯片企业；硕博生有99%在芯片企业就业，其余学生均成为基层选调生。从实践团队中涌现出了一批优秀的学生典型，如全国“青马工程”优秀学员刘雨佳、中国大学生自强之星杜康、中国国际“互联网+”大学生创新创业大赛金奖获得者李依等。

2022 年 6 月，习近平总书记在华工激光考察时指出，突破“卡脖子”关键核心技术刻不容缓。“中国芯”实践团队将牢记总书记的殷殷嘱托，将科技强国的信念融入人才成长过程中，把投“芯”报国的志向根植于每一名“芯”青年心中。如实践队员 2019 级博士生关曜东所说：“做强‘中国芯’，人才需先行。我们会朝着制造核心电子器件、高端通用芯片的目标不断前进。”

调研报告

着眼产业路，聚焦育人才

产业篇

中国芯片产业发展现状调查报告

『导　言』

2018年4月，在中美贸易摩擦加剧的背景下，美国商务部发布公告，禁止中兴通讯购买电讯零部件产品，并对中兴通讯处以3亿美元的罚款。事件引起了多方争议，中央电视台国际在线发布评论，指出中兴事件对中国企业是个镜鉴，中国企业必须进一步提高创新能力，尽快把核心技术掌握在自己手中。

为了深入了解芯片行业痛点，为芯片产业发展和高校人才培养找准方向，华中科技大学“走进‘中国芯’，践行‘中国梦’”社会实践团队暨“中国芯”调研组通过实地考察中国芯片行业企业、科研院所、政府部门，了解芯片行业发展现状并深入分析现有问题。华中科技大学光学与电子信息学院雷鑑铭教授认为，本次调研的使命是了解奋斗在芯片产业一线的工作者们对当代大学生的殷切期望，激发创新精神和奋斗精神，愿意和勇于为中国“芯”、中国梦而奋斗。

本次调查由华中科技大学光学与电子信息学院和经济学院一同组织完成，调查自2018年6月起开始筹备，至2018年9月正式结束。华中科技大学“中国芯”调研组前期通过系统学习、举行讨论会、与专家老师交流，构建了调研活动的基本框架；中期采取问卷调查法、访谈法、准实验研究法等展开田野调查；后期运用统计学方法、计量学方法、定性和定量分析相结合方法建立相关分析模型，并运用SPSS、STATA等软件以集成电路产业为例，对中美贸易摩擦背景下战略型工程科学人才培养体系进行了深入分析。

华中科技大学“中国芯”调研组采取非概率抽样方法——判断抽样，选取了部分具有产业代表性的城市和企业作为调查对象。调查组实地走访了北京、上海、深圳、杭州、武汉、成都、重庆、无锡八个城市，对台积电（中国）有限公司、京东方科技集团股份有限公司等105家企业进行了问卷调查，对华大九天、芯动科技等72家企业进行了访谈调查，每家企业平均访谈时长为2小时。

实践队员通过走访各地芯片企业，深刻理解了现阶段芯片企业的发展现状、存在的问题以及人才、资金、设备等方面的需求。通过走访当地高校和研究所，认识到国内外芯片研发技术的差距，从而准确把握中国芯片未来的发展方向；了解到高校相应课程建设体系和芯片人才培养计划，从而推动校企和政企之间的交流合作，推进实现“政、产、学、研”四位一体协调发展。通过走访当地政府相关部门，了解到芯片行业的相关政策及其实施情况，以及各地政府对芯片行业的发展规划和引导措施。

第一节 我国芯片产业发展现状和主要问题调查分析

（一）我国芯片产业与国际水平差距大

1. 国内芯片产业起步晚，在与国际水平存在巨大差距的背景下艰难前行

根据华中科技大学“中国芯”调研组2018年的企业调查结果，有56.5%的受访企业认为我国芯片产品技术国家竞争力弱和较弱的主要原因是我国芯片产业整体起步晚。改革开放后，国人放眼于世界，发现美、日的半导体产业已将我国远抛身后，差距在十年以上。由于前期缺乏统一规划，企业争相盲目引进国外技术，再加上普通大众乃至高层领导对我国芯片产业与国外的差距普遍认识不足，中国芯片产业在很长一段时间里错过了最好的赶超时机。

芯片行业更新速度快，技术升级、技术迭代每时每刻都在发生。20世纪八九十年代，我国“挤牙膏”式的资金投入，使国内半导体行业发展陷入“引进—建厂—投产—落后—再引进”的恶性循环。资金、人才都被限制在体制内，整个行业缺乏活力，使原本就已落后的技术同国外的差距越拉越大。虽然在2000年之后，国内对半导体行业的关注度提升，大量海归人才集体创业，我国半导体行业迎来了快速发展的高峰期，但是，起步晚、差距大的行业背景仍然让当前我国芯片产业的各个环节面临巨大的发展阻力乃至受到国外的牵制。

2. 国内芯片高端人才匮乏

根据华中科技大学“中国芯”调研组2018年的企业调查结果，有80.4%的受访企业认为我国芯片产品技术国家竞争力弱和较弱的主要原因是高端人才缺乏，分别有59.6%、67.3%的受访企业认为我国芯片技术落后的主要原因是高端技术领军人才缺乏和芯片专业技术人才缺乏。

人才缺乏的主要原因之一是行业增长的速度与人才供给不匹配。据不完全统计，全国从事芯片产业设计的人员约为5000人，其中有设计经验的工程师只有1000人左右，而全国只有10多所高校开设了微电子专业，每年的毕业生人数对于全国500多家芯片产业设计公司的用人需求来说实在是杯水车薪。所以，在芯片产业的从业者中，很多人的专业背景并非与芯片产业相关，这导致整个行业的高端人才缺乏。

华大九天在此次访谈中提到，在这个行业成为专家很难，成为真正的专家更难，甚至在吸引回来的留学归国人才中，真正高水平的也是非常有限的。高端人才对于一个企业的研发环节是至关重要的，对企业技术、产品的创新发挥着不可或缺的作用。因而，高端人才缺乏对中国芯片产业的发展有一定影响。

3. 国内芯片产业依赖性强

首先，我国与芯片相关的制造业领域对国外芯片依赖严重。资料显示，我国80%以上的高端芯片依赖进口，100%的DRAM存储器、99%

的 CPU、93% 的 MEMS 传感器，都依赖美、日、韩等国。芯片进口总值达 2000 亿元，超过原油进口总值。这意味着我国电子产品，包括计算机、家电、手机等在内的制造正受到国外的掣肘，实现半导体产业自主替代须经历漫长道路。

其次，我国芯片产业链的材料、设备、制造、设计等多个高端领域对国外依赖严重。深圳中兴微电子等多家企业在此次访谈中提到，在芯片生产的任何一个环节，我们都避不开国外的技术，在材料上，单晶硅、光刻胶之类的底层材料都是日本人掌握的；在设计环节上，我们的 EDA 工具 Cadence、Synopsys，这两家都是美国的；做芯片离不开处理器，一些物理库如 DDR、PCRE 其实基本上都掌握在美国人手里。除此之外，在芯片制造设备方面，目前的国产化率仅为 12%，而且几乎全是低端设备。大部分芯片制造厂，在采购装备时，一定考虑的是进口设备，因为国产设备刚起步，质量不稳定、一致性差。因而国内芯片产业不够独立、受到牵制，我们不能忽略其技术落后的内在因素。

再次，我国芯片产品缺乏原始创新。这一问题可以通过专利受理数和研发投入来间接反映。下面是根据华中科技大学"中国芯"调研组 2018 年的企业调查结果得到的中国芯片企业专利受理和研发投入数据（见表 1 至表 3）。

表 1　公司累计拥有自主申请的受理和授权专利数据调查结果

专利数量/项	0～49	50～99	100～149	150～299	300～499	500～999	1000～1499	1500～1999
比例	30.9%	14.5%	7.3%	7.3%	12.7%	3.6%	7.3%	1.8%

数据来源：华中科技大学"中国芯"调研组。

表 2　公司拥有的专利数中发明专利占比调查结果

发明专利占比	10%以下	10%～20%	20%～30%	30%～40%	40%～50%	50%～70%	70%～90%	90%以上
比例	11.3%	3.8%	15.1%	3.8%	7.5%	26.4%	17.0%	15.1%

数据来源：华中科技大学"中国芯"调研组。

表 3 公司研发投入占销售收入比例调查结果

研发投入占比	0%～2.5%	2.6%～5%	5.1%～8%	8.1%～10%	10%～15%	16%～20%	21%～30%	31%～50%	50%以上
比例	1.9%	5.7%	5.7%	11.3%	20.8%	11.3%	13.2%	13.2%	17.0%

数据来源：华中科技大学“中国芯”调研组。

由调研数据可以看出，能够在一定程度上反映企业自主创新能力的专利数和研发投入方面，中国芯片企业的数据不容乐观。

以 IC 设计为例，国内绝大部分芯片设计企业依靠国外的 IP 核设计芯片，在自主创新上受到了极大的限制，主要表现为：国内代工厂 IP 核供给不足；设计业缺少关键 IP 核的设计能力；SoC 设计严重依赖第三方 IP 核；对有成熟 IP 核的代工厂资源极度依赖；缺乏自主定义设计流程的能力；还不具备 COT 设计能力；主要依靠工艺技术的进步和 EDA 工具的进步。这些因素导致国内 IC 设计公司产品同质化情况严重，滥用 IP 核的情况愈演愈烈，在商业化上比较成功的 IC 设计公司基本都是购买国外 IP 授权，在工艺上高度依赖台积电的先进工艺，在 EDA 工具上完全受制于国外三大厂，无法形成差异化竞争优势。在桌面和服务器 CPU 方面，核心 IP 自主设计、源码 100%由自己书写的公司屈指可数，绝大多数 IC 设计公司都是购买外商的 IP 设计 SoC，或者从外商那里购买源代码。产品缺乏自主创新，会导致国内产品缺乏市场竞争力，为行业发展埋下隐患。

4. 国内芯片产业缺乏底层设计

芯片的底层设计是指以 ARM、MIPS、X86 为代表的芯片设计架构，以及在集成电路开发过程中为芯片设计提供现成电路功能语言的半导体 IP 核等。

芯片底层设计构建了行业生态，并且与芯片产品的推广应用息息相关。资料显示，国内企业要想实现自主创新发展，就必须在已有的 MIPS、ARM、X86、Power 等几种成熟生态以外建立新生态，但这几乎是不可能的，不仅环节多、开发量大，而且难以找到新生态的供应商和客户。

华大九天在访谈中多次提到龙芯 CPU。龙芯购买了 MIPS 永久授权的 527 条指令集，并自主扩展到 1907 条指令集，开发了龙芯系列芯片产品，建立了一个龙芯新生态，但龙芯系列芯片无法与主流操作系统兼容，使其未能在市场上实现量产和广泛使用。

缺乏配套的底层设计，除了会受到国外企业的牵制外，还会为国内产品的推广应用带来很大的阻碍，并且影响整个芯片产业的自主发展。

（二）我国芯片产业链薄弱

1. 我国芯片产业链不完整，薄弱环节较多

表 4 是受访企业关于我国芯片产业链是否完整的意见的调查结果。

表 4　国内芯片产业链完整度调查结果

完整程度	完整	比较完整	不太完整	不完整	不清楚
比例	5.3%	29.8%	50.9%	14.0%	0%

数据来源：华中科技大学"中国芯"调研组。

表 5 显示了受访企业对我国芯片产业链缺失或薄弱环节的认知情况。

表 5　国内芯片产业链缺失或薄弱环节调查结果

薄弱环节	IP	芯片设计	芯片制造	芯片封装	芯片测试	其他
比例	56.4%	59.0%	76.9%	20.5%	17.9%	7.7%

数据来源：华中科技大学"中国芯"调研组。

根据华中科技大学"中国芯"调研组 2018 年的企业调查结果，有 50.9%的受访企业认为国内芯片产业链不太完整，有 14.0%的受访企业认为国内芯片产业链不完整。这显示出我国目前存在芯片产业链薄弱的问题，而产业链不够完整已成为阻碍我国芯片产业发展的绊脚石。同时，也有超过半数的受访企业认为 IP、芯片设计和芯片制造这三个环节是我国芯片产业链缺失或薄弱的重要环节，而芯片封装与测试环节所存在的问题也不容忽视。这一系列调查结果体现出我国当下芯片产业链的主要痛点在于 IP、设计与制造三个环节。

自“十五”计划以来，我国已初步形成了 IC 设计、制造、封装、测试、设备及材料等较为完整的半导体产业链。不过，技术要求相对较低的封装和测试业占据主导地位的局面并未从根本上得到改变。同时产业链面临着两个瓶颈：一是半导体设备与材料仍主要依赖进口，设备和材料的自给程度分别不到 2%和 10%；二是芯片设计环节中的上游 IP 仍被国外企业所掌握，芯片设计研发创新能力不强。当前，产业链中已涌现了一批有实力的企业，但最大的问题是，我们看到的只是珍珠，而不是一条项链。

2. 中国芯片产业缺乏整合与合作

表 6 是芯片企业为解决技术难题而采取措施的情况

表 6　芯片企业解决技术难题的措施调查结果

措施	加大研发投入	建立产业联盟	引进高端技术人才	购买高端设备
比例	77.2%	38.6%	82.5%	19.3%
措施	开发 EDA 软件	产学研合作联合攻关	其他	
比例	14.0%	49.1%	1.8%	

数据来源：华中科技大学“中国芯”调研组。

根据华中科技大学“中国芯”调研组 2018 年的企业调查结果，有 49.1%的受访企业认为解决芯片技术难题，需要重视产学研的联合攻关。其中，产业内企业在合作、整合上的缺失是阻碍我国芯片产业发展更上一层楼的最大绊脚石。

对于芯片产业，应该认识到，其不是只有芯片技术这一项产业，而是由各类产业串起的一条产业链，如封装、产业应用、测试等。目前，我国芯片产业在上述诸多领域都涌现出了一批实力雄厚的企业和佼佼者，但缺乏产业整合，这成为产业发展最重要的瓶颈，当务之急是将这些企业整合到一起，形成纹丝合缝的产业链。从世界范围看，产业整合者往往是应用领域的龙头企业。如何扶持这类龙头企业，解决这些企业的短视问题，是政府当前应关注的重点问题。我国相关部门应尽快总结基金运营经验，将相关力量糅合到一起，共同推进芯片产业领域发展，并为其他领域的突破提供示范。

3. 我国芯片产业总体处于国际芯片价值链中低端

表 7 是关于我国芯片产业存在的主要问题的调查结果。

表 7 我国芯片产业存在的主要问题调查结果

主要问题	国内芯片产业总体处于国际价值链低端	基础研究缺乏	芯片技术领军人物缺乏	芯片专业人才缺乏	关键核心技术缺乏
比例	50.9%	50.9%	54.4%	57.9%	71.9%

数据来源：华中科技大学“中国芯”调研组。

表 8 是对我国芯片产业链需要加强的技术方面的调查结果。

表 8 我国芯片产业链需要加强的芯片技术调查结果

芯片技术	指令集体系	高端 IC 设计制造
比例	24.6%	78.9%
芯片技术	半导体制造设备	晶圆代工能力封装与测试
比例	61.4%	43.9%

数据来源：华中科技大学“中国芯”调研组。

根据华中科技大学“中国芯”调研组 2018 年的企业调查结果，有 50.9%的受访企业认为，我国芯片产业存在的主要问题，是国内芯片产业总体处于国际价值链低端，同时有 78.9%的受访企业认为我国芯片产业链需要发展和加强的芯片技术是高端 IC 设计与制造。

目前，我国的芯片企业在高端芯片领域举步维艰，“中兴事件”更是暴露出其许多短板，如 ADC/DAC（数模转换）、FPGA、高速光通信接口等，目前都依赖美国厂商（德州仪器、亚德诺等）。这有许多外部原因，如国外巨头的技术封锁、不友好的国际竞争环境，但更有一些内部原因，如产业投入资金不足、人才仍然匮乏、生态链内部的信任机制不够完善，等等。

（三）我国芯片产品竞争力不强

1. 缺少中高端产品，难以与市场需求对接，芯片市场导向低端化

我国芯片产业存在着高端产品缺乏的问题，芯片设计企业的主流产品

仍然集中在中低端层次。近年来，我国将芯片产业列为重点扶持产业，在某些芯片技术领域和芯片应用领域取得了可喜的成果，但高端芯片制造仍是一大难题。某些发展较久、较为成熟的芯片企业所生产的一般芯片在国内市场已逐渐达到饱和，但高端产品的供给依旧依赖美、日、韩等国，像CPU、高端模拟芯片等高端产品都由外资企业把控。

从访谈资料可知，大多数企业之所以无法制作高端产品，不仅是因为技术问题，还有很多其他因素的影响，如高端人才供给、先进设备制造水平、投入资金规模、政府扶持力度等。企业并非不愿意做高端产品，而是在众多因素的限制下，只能生产出满足一般需求的中低端产品。于是产品供求错位，低端产品过剩，企业相互竞争；高端产品匮乏，几乎依赖进口。如此循环往复，中低端产品成为市场的主流，更少有企业愿意去制作高端芯片，高端产品缺乏现象更难改善。此外，低端芯片制造门槛低，企业能尽快做出产品推向市场，可又由于门槛过低，企业为应对竞争，须花更大力度来发展中低端芯片，这使得企业更不愿触碰门槛高的高端产品。而且芯片行业本身具有投入高、积累期长、回报周期长的特征，冒着风险去投资这一不熟悉没有把握的领域是大多数企业不愿意做的。

表 9 显示了芯片行业公司自主研发芯片面向国内低、中、高端市场的占比情况。

表 9　自主研发芯片面向国内低、中、高端市场的比例调查结果

国内市场	低端市场	中端市场	高端市场
比例	16.7%	58.3%	25.0%

数据来源：华中科技大学“中国芯”调研组。

表 9 显示，我国芯片行业 75%的企业面向中低端市场，其中 58.3%的企业面向中端市场，而面向高端市场的企业仅占 25.0%。

从访谈资料可知，在技术、资金、人才、设备等各方面条件的限制下，国内大多企业很难有能力制造出满足高端市场需求的产品，只能依靠中低端市场谋求生存。

又由于我国芯片产业发展较晚，再加上美、日、韩等国的压制，我国的高端芯片市场早已被外国企业优先占据，自身既难以生产高端产

品，又难以将生产的高端产品投入市场，致使本国企业走向高端之路屡受阻碍。

2. 我国芯片产品难以进入国内市场，市场化存在壁垒

我国芯片产业起步较晚，国内市场已被国外企业率先占领，国内企业多数采用和国外知名企业合作的方式经营，国产芯片难以取代国外芯片的地位。不仅如此，国内的芯片应用企业出于芯片对产品性能和稳定性的影响考虑，更倾向于使用国外知名企业的芯片产品。因为对于一个发展中的企业来说，选择市场验证过的东西是对企业生存的基本保障。此外，虽然国内有些芯片产品已经能够实现配套，且价格比从国外进口便宜，但从整体应用成本来看并无太大差异，因此国外知名企业的芯片成为更多企业的选择。

（四）中国芯片市场战略存在偏差

1. 市场定位局限国内

表 10 是我国芯片行业中的企业主打产品在国内和国外销售情况的调查结果。

表 10　企业主打产品的国内、国外销售情况调查结果

销售情况	完全在国际市场销售	以国际市场为主，国内市场为辅	以国内市场为主，国际市场为辅	完全在国内市场销售
比例	1.8%	14.3%	67.9%	16.1%

数据来源：华中科技大学“中国芯”调研组。

表 10 显示，我国主打芯片产品主销或全部销往国内市场的企业占比 84.0%，全部销往海外的仅占 1.8%，这说明我国芯片产业的市场定位具有局限性，生产商的目标客户主观上主要倒向国内市场。同时，对上海兆芯集成电路有限公司等企业的调查访谈显示，国内的芯片应用企业更倾向于使用国外知名企业的芯片产品。根据 SEMI（国际半导体产业协会）、前瞻产业研究院等研究机构的统计，2017 年中国大陆的半导体消费额已达到

1315亿美元，占全球消费额的32%，但在庞大市场需求下的芯片自给率仅为14%，在服务器MPU芯片、个人电脑MPU芯片、可编程逻辑设备FPG等方面供给错位严重，这表明国内市场并不能满足国产芯片企业单一市场策略下的供销预期。

市场定位局限所带来的结果，除了国产芯片市场的供求失衡外，还有国际市场份额的缺失。华大九天在访谈中表示，他们现在虽然是世界第四大EDA提供商，但实际市场份额却不到1%，而且往期利润都为负值，相似的情况也存在于四川和芯微电子等企业身上。此外，相关资料显示，2017年全球销售额排名前十的公司中，Fabless厂商方面，中国大陆入选的两家公司销售额总和都不及美国高通公司的一半；晶圆代工厂方面，中国大陆入选的两家公司市占率共为6.8%，而排名第一的台积电就占去了这一市场55.9%的份额；封装方面，中国大陆入选有三家，但与日月欣半导体股份有限公司之间都存在一定差距。

以上材料说明，国内芯片市场当下的定位既不能满足国产芯片企业的需求，也错失了潜在的海外市场。

2. 市场抢占策略缺乏长远性

根据华中科技大学“中国芯”调研组2018年对企业的访谈，在市场占有率较低的情况下，国内芯片企业所选择的市场抢占策略，主要是等待市场成熟再开发相同或相似的产品，通过降价扩大市场份额。

成都某受访公司指出，大部分企业不愿意投入大笔的研发费用开发空白市场，而等到整个市场趋势已经形成时，就失去了发展机会，再进行相关开发也只能生产市场已有的相似产品。在国外企业已经有很高的市场占有率之后，即使能够生产出相似的替代品，也难以与其竞争，蚕食他们的市场份额。此外，从对深圳比亚迪股份有限公司等相关企业的访谈中可知，我国企业习惯仿制，在国际市场存在垄断的情况下，用复刻或仿制的产品抢占市场最快速有效的方法就是降价，但是打价格战会降低毛利率，限制企业对产品性能的追求。在短期内，价格战可能增加企业的市场份额，产生一些收益；但从长期看，这对于整个行业的发展，会形成一种阻力。

不论是放弃对空白市场的开发，还是一味地靠打价格战增加市场份额，都是缺乏长远眼光的表现，这些非良性的市场抢占策略从长期来看不利于提高我国芯片产品的市场占有率。

（五）主要结论

我国芯片产业发展的一大特点是起步晚，且始终在与国际水平存在巨大差距。早期，对芯片产业认识不到位，导致相关资金缺乏，最终造成目前芯片产业发展与国际水平存在巨大差距的现状。我国芯片产业缺乏专业人才，特别是缺乏领军人才。芯片人才产出数量与芯片产业发展速度不匹配，芯片人才质量与芯片企业要求不匹配，这导致我国芯片产业在创新方面缺乏动力。由于过度依赖进口，我国芯片产业从高端制造材料，到设计软件，再到制造设备，多方面受制于国外企业。这严重影响了我国芯片产业的自主创新能力，给我国芯片产业的市场竞争带来了隐患。在以产品质量为依据划分的市场中，我国芯片产品市场导向低端化，难以与市场需求对接，满足国内市场需求的能力有限，海外市场又开拓不足，总体竞争力不强。

第二节 我国芯片技术的国际差距调查分析

（一）核心技术与国际水平差距较大

表 11 是受访企业对我国芯片产品技术国际竞争力的评价调查结果，从中可见，大部分受访企业认为我国芯片产品技术国际竞争力较弱或弱。

表 11　关于我国芯片产品技术国际竞争力的评价调查结果

竞争力水平	竞争力强	竞争力较强	竞争力较弱	竞争力弱
比例	7.0%	17.5%	64.9%	10.5%

数据来源：华中科技大学“中国芯”调研组。

表 12 至表 14 分别显示了受访企业对我国芯片技术落后的主要原因、芯片行业存在的主要问题、供应链中缺失或薄弱环节等问题的意见。

表 12　我国芯片技术落后的主要原因调查结果

主要原因	比例	主要原因	比例
知识产权纠纷	19.2%	芯片专业技术人才缺乏	67.3%
科技成果转化困难	23.1%	芯片研发投入不足	61.5%
缺乏核心技术	82.7%	芯片制造投入不足	30.8%
国产设备无法满足需要	30.8%	芯片设计软件落后	34.6%
设备价格昂贵	15.4%	缺乏技术平台支持	19.2%
购买设备困难	15.4%	国外芯片技术和市场垄断	38.5%
高端技术领军人才缺乏	59.6%	其他	%

数据来源：华中科技大学“中国芯”调研组。

表 13　我国芯片产业存在的主要问题调查结果

主要问题	比例	主要问题	比例
国外企业垄断市场	36.8%	芯片技术领军人物缺乏	54.4%
芯片产业链不完整	35.1%	封装技术不先进	7.0%
政策支持不足	22.8%	国内芯片产业总体处于国际价值链低端	50.9%
基础研究缺乏	50.9%	制造技术不先进	29.8%
研发资金投入不足	47.4%	测试技术不先进	3.5%
产业资金投入不足	36.8%	设备购买受到国外限制	29.8%
芯片专业人才缺乏	57.9%	产品国际竞争力不强	31.6%
缺乏关键核心技术	71.9%	其他	1.8%

数据来源：华中科技大学“中国芯”调研组。

表 14　国内芯片产业链中的缺失或薄弱环节

环节	IP	芯片设计	芯片制造	芯片封装	芯片测试	其他
比例	56.4%	59.0%	76.9%	20.5%	17.9%	7.7%

数据来源：华中科技大学“中国芯”调研组。

1. 高端IC设计水平不高

IC设计是半导体产业最为重要的一环，尤其是高端IC设计。但在这一方面，我国的技术水平与国外存在巨大差距，这使我国芯片产业的发展在产业链首要环节就受到严重限制。

2017年，全球十大IC设计公司中，有7家均是美国企业，高通、博通、英伟达等长期占据金字塔的顶端。我国海思位于全球第五位，紫光展锐位于全球第九位。据不完全统计，2017年我国芯片设计企业多达1380家，全球占比达14.5%，但营收规模超过1亿美元的却仅占2%～3%。

相关资料显示，列入上述榜单的中国IC设计企业，2017年的营业收入总计约为872.53亿元，而高通一家的收入就高达1081.77亿元（约170.78亿美元）。已上市的中国IC设计企业利润总额仅约26.36亿元，尚不足高通的五分之一。

华中科技大学“中国芯”调研组的问卷调查结果显示，78.9%的受访企业负责人认为我国高端IC设计技术需要加强。高端IC设计是以先进的EDA设计软件为基础的，54.4%的受访企业负责人认为我国EDA设计软件的开发应当加强。可以看出，我国高端IC设计技术与国际先进水平相比存在巨大差距，并严重受限于EDA产品。相关调查结果见图1。

深圳比亚迪股份有限公司相关负责人表示，我国如果单从设计领域讲的话，只在局部领域有所突破，在低端芯片方面的成绩还不错，但是高端芯片方面还差很多。

深圳汇顶科技股份有限公司相关负责人表示，我国IC设计行业掌握的核心优势极少，即极少有设计公司做大脑层面的业务，大部分设计公司都在从事四肢层面的业务。目前，我国芯片的进口率大概是95%。在5%的自给率里面，还包含很多中外投资的芯片产品。除去外资参与的部分外，完全自主生产的比例就更少了。

华为武汉研究所相关负责人表示，我国芯片产业严重受限于设计和制造两大环节。经过这么多年发展，国外EDA工具非常成熟，基本只要会软件的人就能做出来。但是在光芯片领域，由于市场较小，芯片设计需要

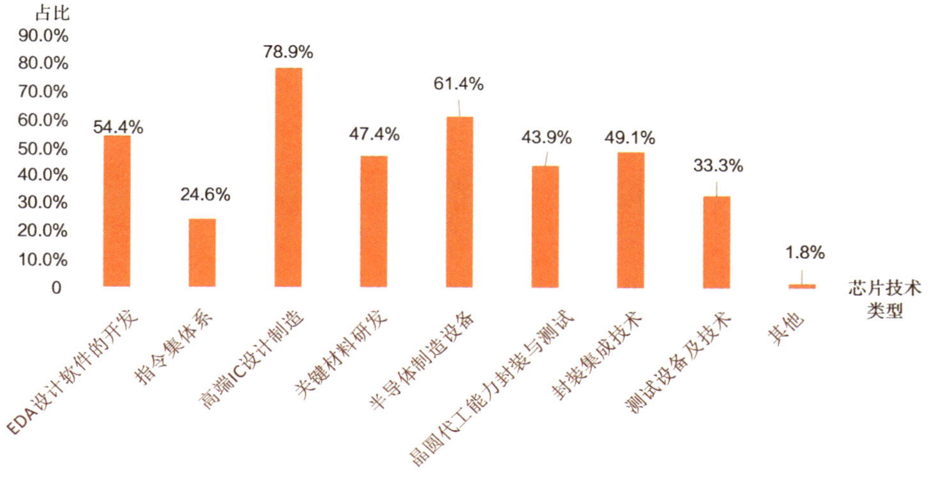

图 1　我国芯片产业链需要发展和加强的芯片技术方面调查结果

数据来源：华中科技大学“中国芯”调研组。

有专业的精神、扎实的理论基础与长时间的积累。但目前国内的氛围比较激进浮躁，IC 设计仍有很长的路要走。

上海华大九天信息科技有限公司相关负责人表示，IC 设计永远是芯片产业链第一位的，但其上游是 EDA 工具，没有这个工具，就几乎无法设计芯片。我国高端 IC 设计难以发展，与 EDA 的受限有巨大的关系。

上海兆芯集成电路股份有限公司相关负责人表示，芯片设计还是偏底层比较多，因为我们要模拟硬件，就不能天马行空地去做架构设计。架构设计再好，落不到芯片设计上，一切都是空谈。如果国际上把 EDA 工具掐断，中国 IC 设计企业就会陷入绝境。当然中国也有 EDA 工具，但确实差距很大。

国内企业自主研发指令集和微架构难度极大，国内大部分厂商都是使用第三方 IP 核研发 CPU，而且自主研发指令集和微架构需要建立全新的标准。

高端 IC 设计涉及国家安全和核心利益，如国防军工、信息安全、超算、存储等领域，我国高端 IC 设计应尽快实现关键领域的国产化。

2. 晶圆代工能力与国际先进水平之间存在五年以上的差距

我国大陆高端 IC 设计技术与国际先进水平之间存在较大差距，晶圆代工能力更是不足。

华中科技大学“中国芯”调研组的问卷调查结果显示，43.9%的受访企业负责人认为我国大陆晶圆代工能力需要进一步发展和加强。

晶圆代工技术是芯片制造环节中的核心技术，对芯片制造意义重大。目前，我国大陆地区 14nm 以下工艺严重缺失，成为发展 AI、5G 的主要瓶颈之一；全球半导体行业处于 AI、5G 普及之前的下行周期，竞争格局上，中国台湾的台积电一家独大，几乎垄断了晶圆代工行业先进制程市场，2017 年全球市场份额占比高达 62%。

台积电在 14nm 及以下节点的工艺上处于垄断地位。格罗方德（GlobalFoundries）、联华电子公司（UMC）等其他海外代工企业相继放弃下一代节点工艺的研发。我国大陆地区的中芯国际、华虹等企业成为除台积电外全球少数继续研发 14nm 以下节点工艺的企业，但技术上与台积电存在两代技术差距，即 5 年以上的差距。

各晶圆代工厂商市场位势基本由其最先进节点工艺所决定。若根据先进节点工艺将相关企业划分为三大阵营，则我国大陆地区的晶圆代工厂仍位于二三线阵营。其中，中芯国际作为我国大陆地区先进工艺标杆，处在二线阵营，把握着 28nm 长周期机遇，但不能占据 HPC 高性能计算市场；华虹、武汉新芯、华润微电子等处于三线阵营，停留在 8 英寸微米制程级别。

台积电（中国）有限公司谈道，中国大陆地区芯片需求占全球半导体市场的 1/3，但自给率不高，2016 年仅达到 10.4%，生产的芯片主要集中在消费电子类及通信设备类领域，高端芯片技术同国外水平相比差距较大。2014 年 6 月，《国家集成电路产业发展推进纲要》提出设立国家集成电路产业基金（大基金），一期投资 800 亿元，其中 63%投入制造环节。

深圳中芯国际谈道，在 2009 年遭遇不利之后，其对晶圆代工技术的发展非常重视。坚持走独立发展道路，不会拿来主义。但是前期代工模式是由台积电开创的，目前全球任何一家代工厂都受到台积电的模式深刻影响，包括管理模式、研发模式等。这些模式都是制造环节重要的组成部分。

（二）工艺技术水平差距较大

1. 芯片制造工艺相对落后

除了核心技术与国际差距较大，我国大陆芯片企业的工艺技术也至少落后国际领先水平三代。

芯片产业链可分为设计、封测和制造三大环节。中国工程院院士倪光南指出，中国的芯片设计企业数量世界第一，实际设计水平也达到世界第二名。在个人电脑 CPU 领域，有胡伟武教授带领的龙芯中科；在服务器和超算 CPU 领域，则有申威、飞腾等；在 GPU 的开发上，有景嘉微、兆芯，还有在 2017 年 9 月由中资背景基金收购的英国 GPU 公司 Imagination 作为“外援”；FPGA 方面有紫光同创；存储器方面有长江存储。

《人民日报（海外版）》在《世界芯片产业中的中国方阵》中指出，从产业链三大环节来看，中国大陆在芯片封测领域做得最好，无论是在技术水平上还是在生产规模上，中国大陆企业已基本消除了与国际顶尖企业的差距。长电科技的封装技术专利数量，在中国和美国都是同行业第一位，其中先进封装技术专利超过了专利总数的 67%。同时，中国大陆封测企业的业绩增速也是业内最快的。2017 年，全球封测十强中营收增长率超过 10%的只有 4 家，其中 3 家是中国大陆企业。照此势头发展下去，中国大陆在芯片封测领域或可率先实现赶超。

然而，制造环节是我国大陆芯片产业的短板，与世界一流水平的差距最大。当中芯国际还在苦苦提升 28 纳米工艺的良率时，台积电已经掌握了 7 纳米工艺，并开始研发 5 纳米工艺了。

2. 制造工艺人才缺乏经验，整体水平不高

我国大陆芯片企业制造工艺的落后，不仅体现在技术上，还体现在制

造工艺人才的储备上。清华大学微电子所副教授张雷指出，我国“双一流”高校芯片相关专业的设置以芯片设计为主，偏向应用，导致高水平制造工艺人才供给不足；同时，由于人才供求错位现象严重，偏材料电子类的制造工艺人才，因为薪资、职业发展潜力等因素通常选择走向与他们专业并不对口的设计岗。

上海华虹宏力技术工程师指出，其生产线上的设备均价不菲，比如一套光刻机的价格约为1.2亿美金，需要技能娴熟、经验丰富的工艺人才，但相关人才供给并不能满足需求。上海裕芯电子CEO杨淑彬认为，缺乏有经验的工艺人才的现象在一些中小型制造企业更加严重。

缺乏有经验的制造工艺人才，间接降低了我国大陆芯片制造企业的研发和生产效率，加大了我国大陆芯片企业制造工艺与国际水平的差距。

（三）配套技术发展落后

1. 芯片产业材料无法自给，尤其是高端芯片材料依赖进口

除了工艺技术与国际先进水平相差巨大之外，我国大陆芯片产业的配套技术水平也与国际先进水平相差甚远。配套技术的不足在芯片产业上游部分体现为芯片产业所需材料跟不上产业发展速度，这导致芯片产业材料无法自给。在高端芯片制造领域，这一问题尤为严重。

华中科技大学“中国芯”调研组的问卷调查结果显示，35.7%的受访企业负责人认为我国大陆地区芯片产业与国际水平之间的差距主要体现在材料制造方面，由此可以看出材料对我国大陆地区芯片产业发展的严重限制作用。

半导体是芯片产业无法缺乏的原材料，其发展程度在很大程度上决定了芯片产业的发展速度。而在我国，半导体行业由于起步晚，发展不充分，目前80%以上生产线用的材料都要依赖进口。中国半导体行业协会设备材料支撑分会秘书长指出，芯片的制作材料有八大类上千种，包括金属材料、化工材料、高分子材料等。半导体制造材料是各类材料当中最核心的部分，其技术难度特别大，对生产管理和品质控制的要求都非常高。

华信研究院半导体投融资项目组指出，半导体国产材料的使用率不足15%，且部分产品面临严重的专利技术封锁。国内半导体工业的相对落后导致半导体材料产业起步较晚。目前，国内靶材厂商主要集中在低端产品领域进行竞争，在半导体、液晶显示和太阳能电池等市场上还无法与国际巨头全面抗衡。

2. 国外技术封锁导致国内自主研发 EDA 软件基本缺失

除了上游芯片材料产业的严重落后外，我国芯片行业还存在自主研发 EDA 软件基本缺失的问题。

EDA 软件对于芯片设计来说至关重要。工程师利用 EDA 工具可以将芯片的电路设计、性能分析、IC 版图设计等整个过程交由计算机自动处理，从而极大地提高设计的效率和可操作性，减轻设计者的劳动强度。公众号“半导体行业观察”指出，伴随着芯片产业的发展，产品推陈出新周期变短，使得 EDA 工具在半导体制造中的作用越来越重要。

虽然 EDA 软件如此重要，但是我国自主研发的 EDA 软件与国际水平相差巨大，这导致我国芯片设计基本都需要使用外国的 EDA 软件来满足自身需求。华中科技大学“中国芯”调研组的问卷调查结果显示：55.4%的受访企业认为我国芯片产业与国际水平存在差距的主要原因在于 EDA 软件。而在实践队员对芯动科技公司的访谈中，其负责人明确指出，从 EDA 的角度来看，我国芯片产业对国外的依赖程度非常大，我们目前没有任何可以替代美国 EDA 的工具。没有 EDA，所有的芯片公司将无法开展工作。

华夏幸福产业研究院指出，全球 EDA 软件市场被三巨头——Synopsys（美）、Cadence（美）、Mentor（德）所垄断，国内 IC 设计公司几乎 100%采用国外产品。虽然国内 EDA 软件开发龙头华大九天于 2018 年左右获得了超过亿元的融资，但和三巨头相比差距仍巨大，短期内实现追赶反超的难度极大。就 EDA 软件来说，美国轻易就可以通过停止服务等手段，对国内存储芯片厂商甚至芯片产业设计企业造成巨大的影响，迫使其停止设计研发工作。

如此重要的EDA，在国内却是近乎缺失，几乎全部被国外企业控制，可以想象我国芯片产业受到的限制是多么严重。

3. 国产配套设备在国际行业巨头限制下发展艰难

除了EDA软件方面的缺失外，配套生产设备等也是我国芯片产业的巨大短板。目前，我国大规模芯片产业生产线装备大都依赖进口。华中科技大学“中国芯”调研团队的问卷调查结果显示：21.7%的受访企业认为我国芯片企业竞争力较弱和弱的主要原因是面临着国外芯片设备的购买限制，44.6%的受访企业认为我国芯片产业与国际水平存在差距的主要因素在于设备。还有企业负责人在访谈时表示，高端设备制造一直是我国芯片行业的弱势，对我国芯片行业的发展造成了很大限制。具体调查结果见图2。

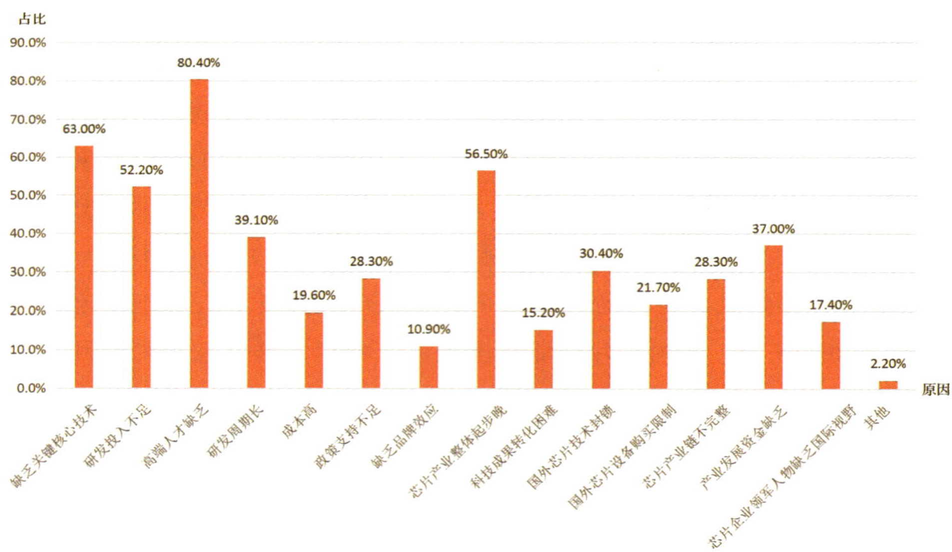

图2　我国芯片产品技术竞争力弱和较弱的主要原因调查结果

数据来源：华中科技大学“中国芯”调研组。

其实国产设备并不是完全没有，而且近几年来也取得了一定的进步，但是面临着国外众多行业领头者的封堵，在自主研发方面困难重重。如今的情况是，我国远未掌握芯片制造“母机”核心技术。芯片制造堪称当今最复杂、最尖端的产业链条之一，涉及50多个行业、2000～5000道工序，是当今尖端制造的典型代表。其中光刻机、刻蚀机等是关键装备，尤其是光刻机，技术十分复杂，仅有荷兰、美国、日本、中国等少数国家掌握，但荷兰ASML公司的光刻机占据了全球市场的80%左右，其28纳米光刻机早已实现商业化生产，目前正在向7纳米光刻机进军。我国在这一领域与之相比，还有10年以上差距。不仅如此，美国为首的西方国家还炮制了一个“瓦森纳协定”，用于对包括中国在内的国家进行技术封锁。因此，我国国产芯片制造设备所面临的不仅仅是落后的局面，还有诸多的限制。

（四）主要结论

核心技术方面，我国的EDA设计软件开发、指令集体系等IC设计环节中的技术，与国际水平尚存一定距离，在封装测试环节的相关核心技术也与国际水平存在一定差距，国产化设备还比较落后。

工艺技术方面，我国芯片行业的工艺水平至少落后国际先进水平两代，自主研发的EDA软件基本缺失，生产设备存在短板，并缺乏有技术经验的人才。

配套技术方面，我国半导体材料制造行业的发展跟不上芯片产业发展的速度，导致半导体高端材料无法自给自足。核心制造设备无法国产化，导致我国芯片行业在国外产业领头者的限制下步履艰难。

第三节 中国芯片产业政策比较及问题分析

（一）我国芯片产业政策概况

1. 我国芯片产业资金政策

芯片产业本身就是一个资金密集型产业。2014年9月，国家集成电路产业投资基金（大基金）正式设立。大基金的构成包含两部分：一是大基金自身，其募集与投资共分为两期，第一期重点关注集成电路制造领域，共募集 1387.2 亿元，相比计划安排超募 15.6%，第二期重点关注集成电路设计领域，预计不低于千亿规模；二是地方资本，截至 2017 年 6 月，由大基金撬动的地方集成电路产业投资基金（含筹建）共达 5145 亿元。尽管一期 1387 亿元人民币的资金规模从半导体行业的投资角度看并不是特别大，但是其影响力渗透到了社会其他领域，使得产业投资热情大幅提升。我们可以看到的是，半导体产业的投资路线正沿着“中央政府—地方政府—产业资本”的方向推进。

2. 我国芯片产业人才政策

在人才政策方面，2016 年 6 月，教育部、发改委、工信部等七部门发布了《关于加强集成电路人才培养的意见》，指出了若干工作方向：扩大集成电路相关学科专业人才培养规模；加强集成电路相关学科专业和院系建设；创新集成电路人才培养机制等。我们在调研过程中，也发现许多地区为了吸引优秀人才而实行了系列优惠政策。

2018 年，成都市人民政府办公厅印发《进一步支持集成电路产业项目加快发展若干政策措施》，其第九条提出：“加强对各类集成电路产业人才支持力度，分层分类在安家落户、医疗保障、子女就学、补贴奖励、创业扶持等多方面予以支持。”

同年，厦门市印发《厦门市加快发展集成电路产业实施细则》，其第四章内容为人才支持政策，里面明确规定了集成电路高端人才引进补助、集成电路企业（单位）高管和技术团队核心成员奖励以及集成电路产业相关紧缺专业毕业生安家（租房）补助政策等。

无锡市政府也在 2018 年印发了《无锡市关于进一步支持集成电路产业发展的政策意见（2018—2020）》，其中提到强化集成电路产业的人才支撑，指出要贯彻落实“太湖人才计划”升级版相关政策，加大对集成电路相关领域各类人才（团队）的招引力度，全面做好人才服务保障工作。每年评选不超过 5 名对无锡集成电路产业作出突出贡献的杰出人才，给予不超过20万元的一次性奖励。对于贡献特别巨大的，可根据其贡献度另行确定奖励金额。

3. 我国芯片产业产学研政策

在产学研政策方面，2014年，教育部提出通过高校与集成电路企业联合培养人才等方式，加快建设和发展示范性微电子学院。各省市的芯片产业发展政策也有意将产、学、研紧密结合。

厦门市2018年发布的《厦门市加快发展集成电路产业实施细则》规定，优先支持产、学、研联合研发的芯片产品。

长沙经开区管委会2018年发布的《长沙经济技术开发区促进集成电路产业发展实施办法》规定，支持高等院校、科研院所等加强与集成电路企业间的产学研深度合作，促进科技成果产业化，对落户长沙经开区的经省级（含）以上相关部门认定的集成电路产业技术创新联盟一次性给予20万元资助。

成都市于2018年印发《支持集成电路设计业加快发展的若干政策》，其中第八条鼓励建设集成电路公共服务平台和产学研协同创新平台，鼓励建设1～3个集融资对接、人才招聘、技术服务、项目孵化、对外交流等服务功能的综合性集成电路公共服务平台，按平台建设运维投入资金的一定比例给予累计不超过500万元的补贴；支持企业建设集成电路领域国家级企业技术中心、工程研究中心、技术创新中心、重点实验室，给予最高300万元支持。

（二）现有芯片产业政策问题分析

1. 政策体系不完整

（1）细化政策空缺。

上海复旦微电子学院韩军研究员在接受华中科技大学“中国芯”调研组访谈时指出，我国现有相关产业政策，还未细化到高校、研究机构、企业的具体工作层面，关于基础设施建设的政策也较缺乏。比如，创新产业园建设方面，国家既有相关鼓励政策，也有相应的财政拨款，但是具体的政策和相应的配套措施还不够完善，对我国芯片产业自主创新能力的提升有一定的制约作用。

（2）尚未培育配套生态体系。

一方面，芯片操作系统与应用系统配套发展方面的政策缺乏。当前政策没有对芯片操作系统和相关手机、计算机操作系统的配套开发给予足够重视和专门扶持，税收政策也未对“操作系统＋处理器芯片”或“应用芯片＋算法＋终端＋应用＋云”这类配套模式给予倾斜。

另一方面，促进校企合作的政策也较缺乏。无锡紫光微电子在接受华中科技大学“中国芯”调研组访谈时指出，我国芯片专业教育尚未能与产业结合，企业与高校、科研机构之间缺乏基础研究成果、创新技术和实践经验的交流，高校所授内容与企业需求有一定程度的脱节。

（3）优惠政策倾斜于企业而非人才。

华中科技大学“中国芯”调研组在走访中得知，现有国家政策多采用对企业进行补贴，再由企业在实际生产过程中对人才进行补贴的扶持模式，而不直接面向芯片行业人才。因此，针对芯片行业人才的优惠政策很难落实，从而较难把人才聚集到芯片行业。这样的优惠政策容易导致中间环节断裂，对人才的扶持力度不足、吸引力不大。

（4）地方政策不统一，形成恶性竞争。

各地方政府为吸引人才，培育增长新动能，积极抢抓芯片产业新一轮发展机遇，不断出台相关政策支持地区芯片产业的发展，以致形成恶性抢夺人才的局面。如产业基金方面，广东省与深圳市合作设立了规模30亿元的芯片产业基金，重庆市设立了总规模为500亿元的半导体产业发展基金，福建省成立了规模不低于500亿元的厦门市芯片产业投资基金，等等。这些产业基金若缺乏统筹规划，容易导致社会资源的浪费和人才的不合理分布。

（5）企业人才补贴政策覆盖面较窄。

华中科技大学“中国芯”调研组经访谈发现，政府在人才培养方面制定了一些补贴政策，但主要面向有国资背景的单位或者事业单位，纯商业性质的公司较难获得相关补贴。上海摩尔精英总经理在访谈中提议："政府可以对来公司培训的学员补贴百分之八十的学费，这样学生会更愿意来学，企业也不会亏本，还可以培养出更多高质量人才。因为摩尔精英的课程价格是比较高的，因此希望政府能有这方面的考虑。"

2. 政策扶持力度不足

（1）资金扶持力度有待加强。

华中科技大学"中国芯"调研组调查问卷数据显示，54.4%的受访企业认为国家应加强芯片产业资助力度。芯片产业为资金密集型产业，即使国家有较多投入和较大扶持，但仍存在资金缺乏、分布较散的问题，资金投入仍然不足。2014 年 6 月，《国家集成电路产业发展推进纲要》提出设立国家集成电路产业基金（大基金），一期投资 800 亿元，但平均分配下来，每个项目只获得不超过 20 亿元扶持。

（2）税收优惠条件有待进一步改进。

华中科技大学"中国芯"调研组调查发现，57.9%的受访企业认为国家应在税收优惠方面加大支持力度。目前，我国税收政策已经比较重视对科研机构、研发投入的支持，但仍偏重于收入职能，企业所得税研发支出的加计扣除力度仍偏小，对促进技术升级、提升投资意愿的重视程度不够。

（3）人才优惠力度不足。

据华中科技大学"中国芯"调研组问卷调查结果，仅有 31.6%的受访企业认为我国政府对芯片技术和产业的支持政策涵盖人才支持政策，而有 43.9%的受访企业认为国家须进一步放宽芯片产业人才引进政策。目前，我国仅有少数普惠政策适用于芯片行业人才，缺乏专门性，不利于促进人才进入和留驻芯片行业。

3. 政策实施监督不到位

（1）科研经费监督落实不足。

通过梳理各地政府出台的芯片产业政策可以发现，地方政府总体来说，对芯片产业，尤其是自主创新的科研环节，经费投入水平总体较高，但是相关的监管政策比较简陋。目前，芯片产业资金投入政策总体呈现出总量大、范围广与线条粗的特点，大体上鼓励科研经费的投入，比如建立芯片产业基金以保障相关方面科研投入的持续和稳定，但是基金的运作与监管缺乏明确的条文规定，导致前期科研投入资金总量多、力度大但监管不力，后期资金跟进困难、缺乏持续性。

（2）财政税收优惠政策不定向。

华中科技大学“中国芯”调研组在对深圳中芯国际等公司的访谈中发现，目前，支持芯片产业自主创新方面的财政税收政策主要以企业减税与财政奖励补贴为主，补贴力度主要参照公司营业额与产值，对企业高端人才的扶持主要以学历为参考。由于财政补贴的多少主要与公司营业额挂钩，这就容易诱发企业为争取更多补助而对营业额做出粉饰，而对人才的扶持由于对人才的辨识标准比较单一，也容易导致高端人才未能被有效识别的情况。

对此，有受访企业提出，国家财政税收优惠政策应该采取一定的退税方案，对符合政策规定的创新企业或人才的补贴设置一定的程序与门槛，避免相关政策被不法企业或者个人钻空子。

（3）对自主创新公司甄别不准确。

华中科技大学“中国芯”调研组在对深圳中芯微电子等公司的访谈中发现，目前，国家对芯片产业领域中的自主创新公司的识别还不够精准。一是有些芯片公司是中外资合营的，表面上是在自主研发芯片，其实是将国外技术稍加改装而已。这些中外合资企业占去了国家为自主创新企业提供的优惠资源，却不能从根本上改变我国芯片领域对国外技术的依赖，实质上是变相地增强了我国芯片产业技术对国外的依赖程度。

二是目前的政策没有很好地鉴别出对提升我国芯片产业链自主创新能力有贡献的企业，相关补贴条件比较粗糙，即使是与芯片产业链有少许关联的企业也有可能获得一定的财政税收补贴，但是真正能在芯片行业有所创新的企业还是相对较少的。有关部门应健全自主创新企业鉴别评价体系，按照企业对产业链自主创新的贡献度提供不同的政策支持力度，增强优质创新企业的责任感，并发挥其带头引导作用。

（三）主要结论

由于芯片产业前期投入大，研发周期长，因此需要政策扶持和大量资金进行推动。我国芯片产业自产生以来就受到多方面的政策扶持。在资金投入、人才培养和产学研结合方面，芯片产业政策正不断改进和完善。尽管我国芯片产业政策的扶持力度已然很大，但仍然存在一些问题：政策体系不完整，存在许多缺失环节；经费使用情况过于粗放、效率不高，难以惠及对芯片产业链有真正贡献的企业；优惠政策倾斜于企业而非人才，对人才的支持不精准，难以激发人才的创新能力；地方政策不统一，易造成恶性竞争；与目前芯片产业发展的经费需求相比，资金扶持力度不足；对优惠政策的落实和科研经费的使用监督不到位，难以真正推动新技术落地；现有优惠政策缺乏长远激励机制，容易导致企业过度依赖优惠政策。针对目前产业政策现状，本书认为，政府应当着眼长期，统筹规划，完善配套措施；发挥龙头企业带头作用，优化资源配置；加强对企业和研发机构政策资金使用的监管力度，确保资金使用到位。

第四节 克服我国芯片产业发展困难的对策建议

（一）吸纳高级人才，打造国际化、高水平芯片技术人才队伍

1. 制定芯片产业人才战略，科学引导人才流向，有效吸纳高级人才

由于我国芯片行业面临着人才要求高，但是人才待遇不匹配的窘境，加上芯片行业研发周期长，很多高级人才遂转而投身互联网软件行业。只有通过正确的价值引导，吸引更多的市场资本，增强相关岗位的价值匹配，才能减少芯片产业人才流失，引导芯片技术人才回流，破解行业人才紧缺局面，进而打造出优秀的复合技术团队。

此外，政府应放宽人才引进政策，大力集聚国外优秀人才，同时引导高校和企业积极培养本土技术人才，逐步形成更有利的国际技术合作环境和高水平的芯片技术人才队伍。

2. 培养创新型、复合型领军人才，打造行业中坚力量

建立全球半导体顶尖技术人才库，让企业与高等院校、科研机构联合培养符合我国发展实际的优秀人才。在人才数量方面，有关部门应扩大芯片相关专业招生规模，弥补人才供给不足的短板；在人才质量方面，高校应深化课程体系改革，坚持理论与实践教学并重，鼓励学生参与企业实践，同时加强与国际顶尖高校的合作交流，共同钻研芯片产业前沿技术，促进高校成果转化，培养创新型、复合型芯片领军人才。

（二）整合优势资源，加大创新投入，打破技术封锁

1. 将芯片行业作为国家的战略性行业，加快形成颠覆性的科研成果

加强部门合作、校企联合，使跨越多部门、多学科的芯片技术得到全面发展，充分把握芯片更新规律，积极开发新型半导体材料，超前布局新型芯片技术、材料和装备领域，在物联网、工业互联网、人工智能等各种场景中加快开发新型芯片以满足不同偏向的芯片功能需求。在发展中探索企业化运营机制，探索众包、众筹、众创的方式对研发与创新的影响，重视新生企业的孵化，促进研发、产业化与创业的一体化推进，从而在国际上形成竞争力。

2. 整合优势资源，加大创新投入，重点攻克 IP 和设计技术

研发作为高科技产业的核心动力，只有得到持续的资金投入、较为宽松的制度空间，才能够有效激发研发团队的灵感，创造出更契合市场需求的产品。

在芯片产业基础研究方面，IP、设计是我国芯片产业链中最薄弱的环节，也是急需重点突破的领域，因此需要整合各方优势资源，加大创新要

素投入力度。一方面对具有竞争优势和代表性的骨干企业加强资源投入，同时支持设计企业间的兼并重组，培养具有国际竞争力的优秀企业；另一方面推动行业内跨地域跨部门合作，引导产业向有基础、有条件的长三角、珠三角、京津冀地区集聚，形成资金、技术、人才的规模效应，不拘一格鼓励产业人才与资金进入芯片产业设计领域。

加强基础研究，完善芯片产业配套技术研发，打破进口依赖格局。基础研究薄弱使得我国芯片产业配套技术和硅片等材料基本依赖进口，再加上光刻机、刻蚀机等设备采购受到限制，我国芯片产业的发展受到很大限制。一方面，国家应鼓励研究所、高校加强基础研究，争取在芯片产业配套技术上有所突破；另一方面，国家应为自主芯片技术和国产光刻机、刻蚀机的研发提供优惠政策，以不断改进相关技术，稳步追上国际先进水平。

（三）占领中低端芯片市场，攻关高端市场，获取国际认可

1. 专注中低端市场，完成技术积累和人才储备

一个国家要掌握整个芯片产业链的技术并都达到国际领先水平是不现实的，因此我国可以先在某些细分领域占据绝对的市场份额，形成你中有我、我中有你的局面，逐步完成技术积累和人才储备，进而攻关高端市场。目前，国内芯片企业主要面向中低端市场，可以先从美国等半导体产业较为发达的国家没有垄断的细分市场出发，通过专注中低端市场，进行长期投入，发扬工匠精神，逐步占领细分市场，形成制约格局，再不断向高端市场迈进。

2. 深耕高端市场局部领域，掌握高价值链核心技术

芯片产业是一个庞大的产业链，也是一个复杂的生态系统。比如，有了芯片，但没有操作系统或应用软件，芯片是无法发挥作用的。目前，由于国外技术封锁、基础研究不足、市场环境不友好等原因，我国要自己独立打造一个全新的、完整的产业生态系统是很困难的，也是不必要的。国

外在芯片产业方面已经走得很远了，在全球化背景下，我国可以通过深度参与某些高价值链的环节，掌握某一段前沿核心技术，形成他国的技术依赖。在掌握某个环节的核心技术后，还可以在此基础上与国际市场形成更深入的合作，进一步巩固自身在芯片产业中的地位。

以前，我国更多的是参与芯片产业价值链中的中低端环节，比如封装、生产、组装等，现在应该向更高的价值链环节走去，做高精尖的芯片设计。

（四）建立合作关系，形成产业集聚效应，打造世界级芯片产业创新生态圈

1. 鼓励“走出去、引进来”，强化国际合作

我国要想在国内芯片产业与国际顶尖水平存在较大差距的情况下，尽快建立和完善自主创新能力较强、产业规模有序的芯片产业体系，就要持续引导和支持国际芯片制造企业加大在我国的投资力度，在我国建设生产基地和研发中心。同时，我们应立足自主创新，支持大型骨干企业走出国门、走向世界，参与全球竞争，强化国际合作，形成较为先进完整的芯片产业链。

2. 密切芯片企业合作关系，形成优良的产业创新生态圈

产业链各环节的合作十分重要。推进芯片行业发展，首先要打通上下游之间的关系，形成产业链各环节相互支持的良好创新氛围。各环节要避免原来单打独斗的局面，企业间要加强互动，建立紧密的合作关系。知识创新链内的各主体应选择合适的合作对象以实现技术知识的互补，这种互补反过来又为各主体提供了相互学习的机会，最终将提升行业整体的竞争力。芯片设计企业与制造企业之间更要加强合作，加快设计涉及国家安全和量大面广的芯片产品，推出一批具有较强自主创新能力的骨干企业，逐步掌握核心技术和自主知识产权。

3. 打造产业领军企业，带动相关产业的快速发展

国家应加大对本土芯片的采购力度和税收优惠支持，重点扶持大型芯片企业，打造产业领军企业，形成产业风向标优势，加快形成优良的创新氛围。在投入方面，相关部门应充分应用科技银行、科技保险、产业投资基金等多种科技金融工具支持芯片的研发与产业化；还可以优化相关上市政策，为芯片类企业在资本市场募集资金提供方便快捷的绿色通道，进一步巩固其既有优势，逐步引导其形成国际竞争力，从而增强我国在世界芯片产业中的竞争优势。

— 参考文献 —

[1] MCCD 民族“芯”或挤走外国芯［J］. 集成电路应用，2014（4）：43.

[2] 宋亮，任海峰．新技术引燃星星之火，芯片产业生态坚冰渐融［J］. 产业创新研究，2018（9）：16-18.

[3] 桂黄宝，刘奇祥，郝铖文．中国高技术产业全球价值链重构研究——基于“中兴被制裁事件”的讨论［J］. 科技管理研究，2017（7）：1-6.

[4] 刘国政，李芮．中国市场的芯片安全忧患［J］. 芯片产业应用，2014（8）：14-15.

[5] 刘志洋．从中美贸易争端视角试分析我国芯片产业的发展［J］. 数字通信世界，2018（8）：136-137.

[6] 贺军．中国半导体产业发展策略［J］. 中国经济报告，2018（10）：61-63.

[7] 任鸣，张琦泽，裴季壮．中国芯片路在何方？——部分芯片企业和专家研讨会侧记［J］. 紫光阁，2018（6）：44-46.

[8] 赵懿晗．浅析中国芯片市场的垄断与对策［J］. 现代经济信息，2015（17）：387，389.

[9] 张锐．中国芯片业的软肋与强身［J］．中外企业文化，2018（8）：28-33.
[10] 宁迪，李彦松．国产芯片 为什么会被“掐脖子”［J］．中国周刊，2018（5）：38-45.

人才篇

大国重器忧“芯”痛，树人纳贤启“芯”章
——基于中国十城市芯片企业人才现状的调查报告

『导　言』

（一）问题的提出：中国“芯”痛，症结何在？

芯片产业被誉为信息产业的粮食，是关乎国计民生、推动中国向“智”造强国迈进的基础产业。中国芯片产业长期遭受国外技术封锁，“中兴危机”等一系列事件警示我国芯片产业正面临国际上“围追堵截”的严峻形势。中国“芯”发展遇到严重的技术掣肘，迫切需要探寻中国缺“芯”之因，突破中国缺“芯”困局。大国竞争的背后，是科技实力的较量。在迈向科技强国的征途上，铸造大国重器乃大势所趋。而国之重器，岂能缺“芯”？这些年来，我国社会各界群策群力寻求芯片产业突破，理论界多方努力为解“芯”困把脉开方，然而，中国“芯”痛难题始终没有从根本上得到解决。

为探明困扰中国“芯”发展的瓶颈问题及深层原因，华中科技大学“中国芯”调研组 80 多名师生以“走进‘中国芯’，践行‘中国梦’”为主题，于 2018 年暑期奔赴珠三角、长三角、京津冀和中西部地区的多个城市，对芯片企业和相关高校进行了为期半年的深度访谈和问卷调查。调研组通过深入探究发现，人才问题正是中国“芯”痛的症结所在。调查中约七成受访企业认为，中国芯片产业与国际水平的差距主要是人才差距；

多数受访企业表示，要想打赢芯片产业发展攻坚战，从根本上解决缺“芯”问题，就必须聚焦芯片人才这个最大痛点，着力解决人才发展难题。

（二）调查背景

制造业是国民经济的基石，是立国之本、兴国之器、强国之基。在新时代，已是制造大国的中国要实现可持续发展，必须要经历由大到强的转变。习近平总书记强调，装备制造业的芯片，相当于人的心脏。心脏不强，体量再大也不算强。《国家集成电路产业发展推进纲要》提到，芯片产业作为信息技术产业的核心，是支撑经济社会发展和保障国家安全的战略性、基础性和先导性产业。芯片是信息产业的“粮食”，是国家重要战略物资，直接影响信息技术、机械制造、航空航天、轨道交通等重要行业的发展，在中国制造迈向中国“智”造的过程中，芯片产业的作用越发突出。

十多年砥砺前行，中国的芯片产业一步步发展壮大，取得了不俗的成绩。从 2007 年到 2017 年，中国集成电路产业规模年均复合增长率为 15.8%，远高于全球半导体产业 6.8%的增速。资料显示，2018 年 1 月到 3 月，芯片设计业、制造业、封装测试业齐头并进，实现了总销售额 20.8%的同比增长，达到 1152.9 亿元。但目前我们仍遭缺“芯”之痛，其原因也是多方面的。我国芯片产业链薄弱环节较多，IP、设计、制造三个环节已成为阻碍我国芯片产业发展的绊脚石。核心技术、工艺技术与国际先进水平存在巨大差距，高端芯片材料与设备等依赖进口，自主 EDA 软件近乎缺失。我国芯片市场布局也存在问题，高端市场与海外市场难以打开，低端市场和国内市场竞争严重，国产芯片在市场上难以获得更高的价值回报。

“长才靡入用，大厦失巨楹。”芯片产业的落后归根到底还是在于芯片人才的缺乏。人才是集成电路产业发展的第一资源，也是我国集成电路产业发展的关键瓶颈。根据《国家集成电路产业推进纲要》，到 2030 年，集成电路产业规模将扩大 5 倍以上，对人才需求将成倍增长。根据《中国集成电路产业人才白皮书（2016—2017）》的介绍，截至 2017 年，我国集成电路产业从业人员总数不足30万人，人才数量不足的同时人才质量也无法满足产业需求。现阶段我国芯片产业的发展，对人才质量和人才数量都提出了很高要求。

（三）调查目的及意义

本团队通过实地考察芯片相关企业、高校、科研院所及政府部门，深入分析了我国目前芯片产业对人才数量及质量的需求以及对人才专业能力的要求，从而为高校相关专业的设置、人才培养方案的修订、课程设置的完善、师资队伍的建设、理论教学与实践教学的融合等提供客观、科学的依据和政策建议，以便更好地培养芯片产业急需的高素质人才，满足我国芯片产业高速发展、加快创新的迫切需要，切实解决芯片产业人才供需错位的重大问题。同时，本报告将增强社会各界对中国“芯”重要程度的认识，激发民族创新力，号召更多优秀的人才参与进来，将个人梦想和个人价值与伟大复兴中国梦相结合，为中国“芯”的发展添砖加瓦，让中国“芯”的创新与发展更高效，最终实现中国芯片的独立自主，夯实国民经济基础。

（四）理论基础

1. 人才与环境匹配理论

本书以芯片产业现状为基础，分析芯片产业人才的现状与痛点，其理论基础是人才-环境匹配理论。

人才-环境匹配理论将影响个体—环境匹配度的因素分为个体因素、组织因素、社会文化因素三大类。个体因素主要是指环境中的人的特性，主要包括人的价值观、个性特征、个人目标等方面。组织因素中最重要的两大方面则是组织社会化和人力资源管理，其主要影响着人对于组织规则的适应过程和最终反应。而社会文化因素则影响着不同变量在个体—环境匹配度中的作用大小和变异情况。

本研究对象为芯片企业人才。首先，从个体的角度出发来分析芯片人才的个体因素，探究芯片企业在初创期、发展期、成长期等不同阶段的人才学历构成、能力素养与不足情况。其次，从组织因素分析各芯片企业内部的组织架构与公司文化，探究各企业为芯片人才提供的组织环境，深度解析芯片领域人才供需问题。最后，从社会文化因素方面分析芯片人才供需错位与缺位现象，探究社会文化、政策走向与媒体引导等对芯片人才走向的影响方式，从深层次和宏观层面挖掘芯片产业人才现状的形成原因。

2. 激励理论

激励是管理过程中的重要手段，以激发人的正确行为动机、调动人的积极性和创造性、充分发挥人的智力效应为最终目标。从经典激励理论入手研究激励方式的设计应用，对我们提高芯片行业管理效率、促进行业内一切创造力与生产力源泉充分涌流、缓解芯片人才供需之困具有重要意义。

（1）需求层次论。

马斯洛的需求层次论强调被管理者需要的多层次性，要求管理者努力将本组织的管理手段、管理条件同被管理者的各层次需要联系起来，通过科学分析员工的需求，有针对性地进行激励。在芯片行业内，管理者应当综合考虑芯片人才的生存资料需求、发展资源需求、社会认可与声望需求，多措并举，增强芯片人才的行业认同感与职业归属感，解决市场作用下芯片人才综合待遇与精力投入不匹配的问题，从而留住青年人才，吸引海外人才，为经验型人才、领军人才的成长奠定人力资源基础。

（2）双因素论。

赫茨伯格认为保健因素和激励因素是影响人的工作积极性的关键要素。这要求管理者善于区分这两类因素，在基本满足普通员工的保健需求，避免下级员工不满情绪持续累积的同时，进行有针对性的激励。在芯片行业的管理实践中，管理者要区分不同层次人才的现实情况与心理状态，切实做到激励政策纲领与具体激励举措的统一，提供适合领军人才、经验型人才成长的土壤，弥补这两类人才的巨大缺口。

（3）公平理论。

亚当斯在公平理论中提出，人的工作积极性不仅受其所得的绝对报酬的影响，而且受其所得的相对报酬的影响。这提醒管理者在管理中要高度重视相对报酬问题，既要避免绝对平均的“一刀切”，也要警惕唯效率论倾向，尽可能实现报酬的相对公平性。芯片产业基础研究周期长、短期回报率低，管理者只有在绩效考核中兼顾个人投入与产出效率，才能鼓励更多人才攻坚克难，全身心投入技术研发工作，从而提高全行业生产水平，缓解行业人才流失现状，真正解决芯片人才供需失衡问题。

（五）调查方法与调查对象

为充分了解芯片行业对于人才的需求，本次调查采用定量与定性相结合的调研方法。

定量层面采用问卷分析法，通过分层抽样与滚雪球抽样，选取了76所代表性单位作为调查对象。首先是按照芯片公司的发展阶段——初创期、成长期、发展期，对公司进行分层抽样。然后在选择各个层次的抽样对象时，依托校友资源与滚雪球抽样方法，选择各公司的技术总监、财务总监与人力资源总监三类高层领导填写相关调查问卷。

定性层面采用半结构式访谈法，分别对企业、政府和高校三个访谈进行有针对性的深度访谈，全方位收集各方关于芯片人才培养的意见。调查范围覆盖芯片产业全链条，囊括清华大学、复旦大学、电子科技大学等拥有全国“示范性微电子学院”的重点高校。

（六）调查组织与实施

本次调查由华中科技大学光学与电子信息学院李玲副教授、雷鑑铭副教授，经济学院卫平教授，马克思主义学院周浪博士等多位专业老师指导，共70余名学生参与，参与学生跨本硕博各阶段，来自光学与电子信息学院、经济学院、新闻与信息传播学院、社会学院等7个院系，投入资金共计30万元，调查历时半年，共回收105份调查问卷，录得深度访谈记录72份，整理访谈记录150多万字，撰写调查研究报告20多万字。

（七）统计分析与软件应用

在统计分析过程中，先建立标准的问卷模块，后使用 profox 软件录入问卷数据，使用专业统计分析工具 SPSS 软件进行统计分析，并形成表格和图片等可视化数据。

（八）调查研究过程

调查前期，实践团队开展了 20 余次讨论，针对公司人才与产业现状两个主题分别设计调研问卷，针对企业、政府和高校三个主体分别设计访谈提纲。实践队员在接受调查研究方法的培训后，选择武汉烽火科技公司等芯片企业进行预调研，然后对问卷和访谈提纲进行修改完善。此次调查，走访了芯片产业中设计、制造、封装、测试等各个环节的代表性企业、高校以及政府机构。调查研究后期，实践团队携手整理问卷数据和访谈资料，应用专业软件进行调查数据的统计分析，分小组进行深入研究和撰写调研报告。

第一节　中国芯“需求侧”难题：“芯”痛症结归于缺才

人才是指具有较好的内在素质，能用自身开拓性劳动对社会发展和人类进步作出积极贡献的人。人才在推动社会物质文明、精神文明、政治文明的发展方面举足轻重。

人才学理论依据个体创造功能的差异将人才分为高级、中级和低级三个层次，这三个层次的人才总体上呈现出“金字塔”式分布格局。高级人才中的领军人才，在具有鲜明的阶级属性的同时，也具有极大的创造性，能顺应事物发展规律，懂得运用自我才智解决别人长期解决不了的老大难问题，对各类人才具有强烈“聚合”作用，从而产生显著的社会效益和经济效益。经验型人才作为中级人才，具有丰富的工作经验，能高效地处理日常工作。

“中国芯”调研组的调查数据显示，我国芯片产业领军人才匮乏，经验型人才不足。下文将进一步分述这两方面的人才问题。

（一）芯片技术领军人才“一将难求”

技术领军人才与普通科研人才相对，同时区别于“经验丰富的专业人才”和企业其他类型人才，特指能够洞察某项技术或发明对社会可能造成的颠覆性前景，并调动各种资源和能力推广此技术或发明的高端人才，以及在个人素质、行业声望等方面均具有标杆作用的领导型人才。

华中科技大学“中国芯”调研组的调查数据（见图 1）显示，在关于“中国最缺乏的芯片人才”的调查问题中，75.4%的受访对象认为中国最缺乏技术领军人才，技术领军人才缺乏成为芯片企业发展的突出问题。

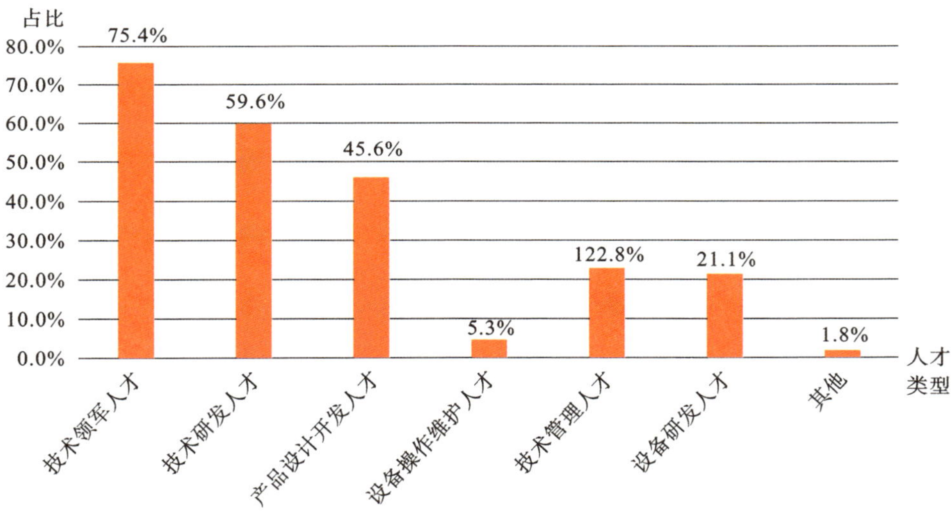

图 1　中国最缺乏的芯片人才调查结果

数据来源：华中科技大学“中国芯”调研组。

半导体芯片产业对技术领军人才的技术和预见能力要求极高，比较青睐知悉半导体产业的技术复合型人才。这里的复合既包括设计环节中的半导体芯片知识和整机知识的复合、制造环节中的工艺和设计的复合，又要求具有技术和管理交叉、技术和市场交融的能力。同时，芯片研发和指令系统、操作系统高度关联，因此特别需要有经验、有能力、涉猎广的高精尖复合领袖型科研带头人。当下，领军人才的缺乏已经成为制约芯片企业进一步发展的重要因素。

在与格科微电子、中兴微电子等芯片企业的访谈中，多位企业高管表示，领军人才的决策与管理能力直接影响着芯片企业的发展方向。芯片领域大批初创期企业中途夭折、发展期企业遭遇瓶颈，背后最根本的原因都是缺乏兼具国际视野、战略洞察力、技术研发能力的领军人才。“中国芯”调研组根据对调查数据和访谈资料的研究，认为领军人才不足的原因主要有如下方面。

1. 领军人才来源地缺“养”

华中科技大学“中国芯”调研组调查发现，在初创期、发展期企业中，领军人才主要来源于传统的“985”高校和“211”院校（见图 2）。随着企业发展成熟，领军人才的组成更具有异质性，海外引进人才和国内其他企业流入人才比例扩大，但仍以传统高校人才为主（见图 3）。

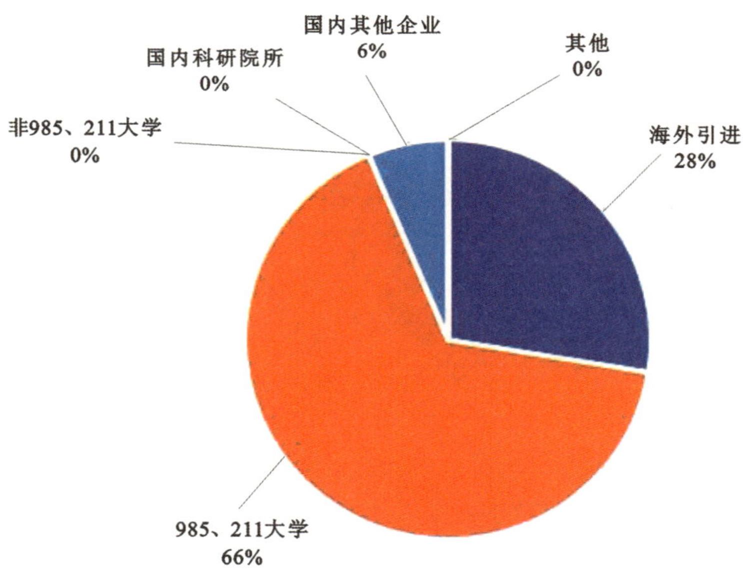

图 2　初创期公司 CEO、CTO、领军人才的主要来源

数据来源：华中科技大学“中国芯”调研组

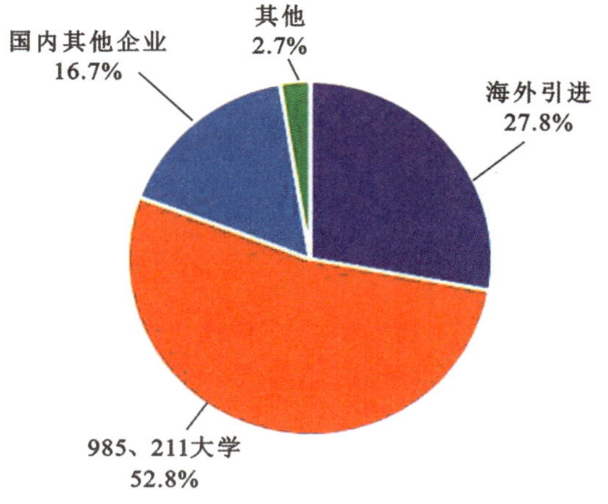

图 3　成长期公司的 CEO、CTO、领军人才主要来源

数据来源：华中科技大学“中国芯”调研组。

在这样的人才结构下，高校的综合培养对于领军人才的成长起着关键作用。但在访谈中我们发现，多数企业认为高校输送的人才难以满足企业发展对领军人才能力的要求。华为武汉研究所专家表示，现行高校培养机制一定程度上束缚了学生综合能力的锻炼和创造性思维的发展，导致毕业生严重缺乏实践能力和创造能力，过度依赖于原有的知识理论框架，短期难以成长为行业需要的领军人才。

据调查，认为高校培养芯片领军人才需要加强技术研发能力的企业占总体半数以上（61.7%），四成多（41.7%）企业认为高校应加强学生创新创业能力，33.3%的企业认为高校应注重培养学生的国际视野。此外，28.3%的企业认为高校应加强学生基础研究能力的培养，15.0%和 11.7%的企业分别认为高校应加强学生的人际沟通能力和领导力的培养（见图 4）。

技术研发能力、创新创业能力与国际视野是企业关注的焦点与核心，也是高校领军人才培养的痛点所在。学校相关培养的欠缺使得领军人才成长高度依赖企业培训，给企业带来巨大的成本负担。上海展讯通信等多家企业表示，希望可以通过学校发力，将前期人才综合能力培养工作做扎实，从而缩短企业培训期，最好让学生一去企业就能尽快上手。四川和芯微电子高管甚至认为，高校应当想尽一切办法加强人才的职业培训，为领军人才的出现奠定基础。

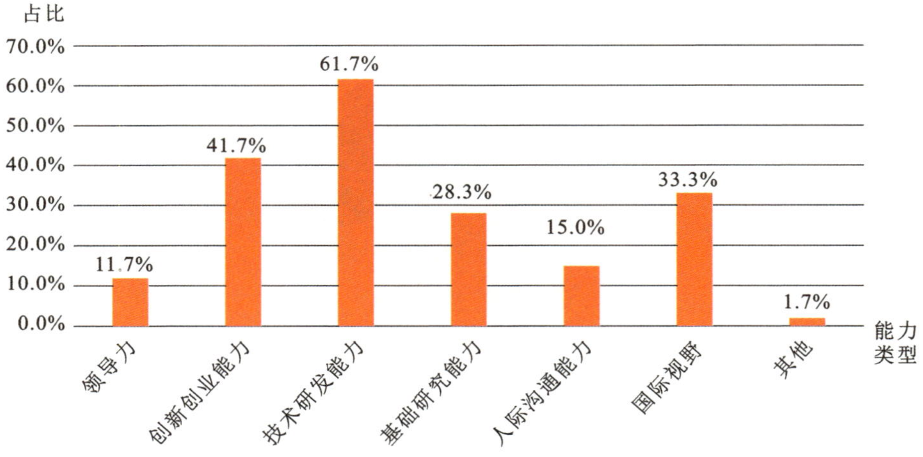

图 4　企业认为高校培养芯片领军人才需要加强的方面

数据来源：华中科技大学“中国芯”调研组。

2. 领军人才成长地欠“拔”

领军人才的特殊性决定了领军人才的成长绝非一朝一夕之功，需要在工作实践中接受进一步培养、训练。然而，据《中国集成电路产业人才白皮书（2017—2018）》统计分析，目前，我国民营企业在人才培训方面的投入不仅远低于欧美国家水平，甚至与国有企业都有很大差距。

“中国芯”调研组在访谈中发现，在培训方式方面，多数企业都以内部培训为主，只有极少的企业能提供出国培训（10.5%）、企业间学习交流（21.1%）的机会（见图 5）。在这种情况下，芯片企业的核心部门同时担负着推动企业发展以及培训新生技术力量的双重责任。而芯片企业中的半导体器材封装及测试公司离职率最高达到 11.67%，人才流动较大。核心部门的高离职率直接导致企业科研工作持续性不足，同时难以提供精准而高效的内部培训，导致领军人才难以在企业内部顺利发展。

访谈资料显示，在培训内容上，入职培训和技术培训是企业关注的焦点，也是企业投入最大的培训项目。而软性素质类培训、领导力培训则常常被忽视，这与企业对领军人才的高要求背道而驰。

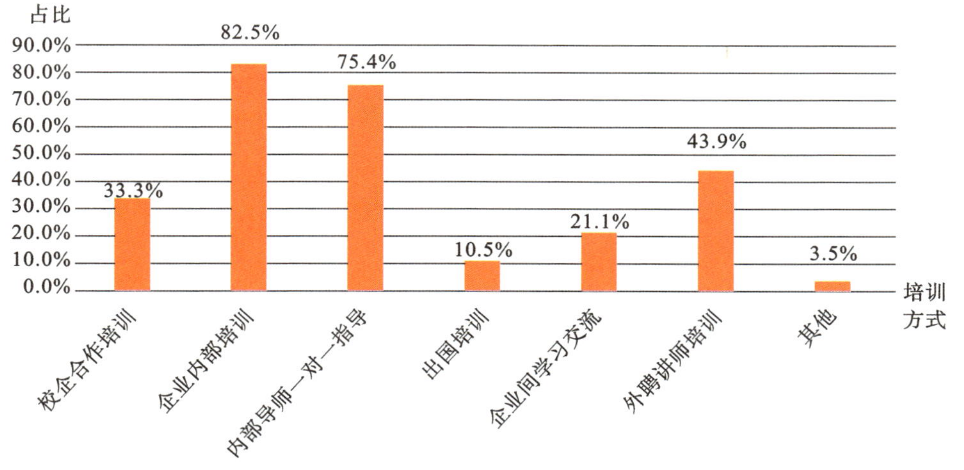

图5　芯片公司采取的员工培训方式调查结果

数据来源：华中科技大学“中国芯”调研组

（二）芯片产业“庖丁”匠才“青黄不接”

华中科技大学“中国芯”调研组的调查数据显示，当前芯片产业急需的经验型人才是具备10年或以上行业资历、熟练掌握行业技术的人才。芯片产业迅猛发展的同时，对相关经验型人才的需求也与日俱增，然而经验型人才的供给现状却不容乐观。当前芯片人才中突出的问题是有相关经验的人才缺乏使总体芯片产业的发展受到掣肘。

1. 燃眉之急：经验型人才断层

调研数据表明，受访企业中，从事研发工作10年以上的人才占技术人员总数的比例高于50%的只占7%，大部分企业的10年以上经验人才在技术人员总数中的占比为10%～30%。经验型人才的供给数量远远不及企业正常发展所需，这种缺位加剧了企业发展的困境。

在访谈过程中，深圳瑞和微电子董事长提出10年以上的中坚人才的“断层”问题，也指出在芯片产业发展过程中，经验型人才起着举足轻重的作用，然而有相关工作经验的人才，尤其是10年以上的经验型人才却一员难求。经验型人才的断层成为企业研发设计的巨大阻力。

具有5～8年行业经验的芯片人才的巨大缺口，也是众多芯片企业共同面临的难题之一。企业一方面急需经验型人才，另一方面又难以找寻这样的人才。中兴微电子高管指出：“人才培训到第三年，就有很多人选择离开，不是跳槽，而是直接转行了，5到8年工作经验的人才十分紧缺。”经验型人才的形成需要沉淀与累积，“越老越俏”是芯片产业的人才特点。正如成都海威华芯技术总监所描述的，“在半导体行业，如果你不长点胡子，你跟别人讲话别人都不相信”。

这种境况下，企业并不是不愿意培养经验型人才，而是行业现状与社会总体走向明显制约着芯片人才的发展与沉淀。薪资是一方面原因，没有足够的物质保障，很难使人才留存下来。多家受访企业都指出，芯片产业需要人坐得了“冷板凳”，能够长期投身芯片事业。这种“吃得菜根，百事可做”的精神与现行“赚快钱”的思想是矛盾的。更多的人会选择能快速获得短期回报的行业，只有少之又少的真正热爱芯片技术的人才选择留在行业内部继续修炼。

实践团队通过大量访谈认识到，我国芯片产业还是不成熟且亟须发展的新兴产业，需要大量经验型人才的支撑。但产业的不成熟也意味着薪资吸引力相对较低，导致部分人才对行业发展预期缺乏信心，对“长期效益”理解不足，难以沉淀为拥有10年以上经验的人才。

2. 虚位以待：经验型设计、制造人才短缺

在“中国芯”调研组的访谈中，芯片企业多次提到芯片产业设计与制造环节中对经验型人才的需求，然而目前经验型人才的数量远不能满足这种需求。

在设计环节，经验型人才的缺乏意味着研发创新力的滞后。IC咖啡在访谈中就指出，我国芯片设计环节缺乏有资历的经验型人才，企业只能从事中低端的模仿工作。毫无疑问，这类企业在行业中竞争力低下，无法长期发展，而破局关键就是取得经验型人才的支撑。此外，芯片制造环节也存在同样的问题。

深圳光迅科技、杭州洪芯微电子等多家企业指出，芯片制造工艺其实是需要不断试错的，经验型人才就是在这种试错实践中逐渐熟悉业务流程并日益专业化的。而现状是，我国芯片制造试错条件不足，机会缺少。以流片过程为例，洪芯微电子提到，芯片制造其实有个缺点——周期太长（6个月），而且要求有非常高的准确度，如果一个环节出错，就会差之毫厘，失之千里。国内流片平均每六次才能成功一次，之所以失误率这么高，主要是因为人才经验不足。

我国芯片产业设计与制造环节脱困的重要一环就是经验人才，而当前经验人才的短缺使其难以破局。

3. 后发短板：熟练掌握交叉学科的经验型人才难觅

芯片产业涉及多种技术与行业，要求芯片人才熟练运用相关知识，做到多类知识交融互补。然而由于技术、行业发展的不成熟，拥有交叉性知识的经验型人才少之又少。相对于前面提到的两点问题，缺乏熟练运用交叉学科知识的经验型人才属于后发型问题。深圳锐和微电子董事长指出，当下培养拥有较高资历、丰富经验的“复合人才”有其必要性。在访谈中我们也发现，在芯片产业的发展过程中，学科间的交融是必然的，但复杂化、高端化的产业趋势面对的却是经验型人才的缺失。

华为武汉研究所指出：“光芯片这个行业实际上比较偏向于交叉学科，而现在几乎找不到一个对做硅光芯片有成熟经验的人。光芯片最近几年才开始商业化，企业在招聘的时候，想招一个大牛来做指导几乎是不可能的。”光芯片行业作为一个新兴的交叉行业，缺乏经验型人才带领发展，这种短板一定程度上是芯片产业发展不成熟的伴生物；新的技术需要熟练运用相关学科知识的人才来推进，但新的技术又没有充足的条件短期内培养出经验型人才。

第二节 中国芯“供给侧”困局：强“芯”征途疏于树人

华中科技大学“中国芯”调研组的调查数据显示，我国芯片人才供给不足的问题较为突出，六成以上的芯片企业存在芯片专业人才缺乏的问题，同时三成以上的企业认为大学芯片专业人才水平难以达到企业要求，我国芯片人才在数量与质量上都难以满足企业的实际需要。

（一）高校芯片相关专业人才供给数量不足

实践团队通过调查发现，高校芯片专业技术人才供给严重不足，与产业需求之间存在巨大差距。

电子科技大学是首批建设示范性微电子学院的高校之一，每年培养本科生 220 人左右，我们所访企业芯微电子董事长表示，“这是杯水车薪”。我们从调研中了解到，即使是“985”高校、“211”院校，也存在芯片相关专业人才供给不足的问题。如清华大学微电子系一届本科生仅数十人，复旦大学微电子学院本科生总体规模仅 200 多人；目前，集成电路行业从业人员约 15 万人，预计缺口在 40 万人左右，未来 3～5 年可能会增加到 70 万人。我国高校芯片专业技术人才供给远远满足不了芯片产业的人才需求，具体原因有如下几种。

1. 高校芯片相关专业入口受限，人才培养数量偏少

2017 年，我国高校毕业生有 795 万人，2018 年上升到 820 万人，然而清华大学微电子研究所魏少军教授指出，每年我国芯片相关专业毕业生不足 2 万人，工业和信息化部软件与集成电路促进中心对 133 所高校的调研数据也表明芯片相关专业在校生数量偏少。在对示范性微电子学院和“985”高校、“211”院校相关学科在校生状况的统计中，微电子科学学科仅有 7002 人，IC 设计与集成系统学科仅有 2147 人，分别占相关学科在校生总数的 10.96%和 3.36%，人才供给严重不足。

这一问题与高校相关专业入口受限有直接关系。中科院兼职教授陈春章指出，微电子相关专业不是一级学科，招生名额受到极大的限制。例如，清华大学微电子系本科生仅40人左右，而同一学科大类下的电子工程系每年本科生招生人数高达250人左右；北京大学软件与微电子学院工程硕士中集成电路方向仅占8%左右，而计算机技术方向占到60%左右：一二级学科的差别使得二者招生人数相差巨大。芯片相关专业的学科定位给招生数量设定了上限，使得各个高校培养的人才数量难以满足产业需求。

2. 大学芯片相关专业设置偏少，限制人才输出总量

芯片相关专业点的数量严重不足，使得芯片专业人才的大量培养难以推进。我国共有2879所大学，开设微电子科学与工程专业的有96所，占比不足4%，开设电子科学与技术专业的共有222所，占比不足8%。清华微电子研究所魏少军教授指出，建设示范性微电子学院的高校共有26所，其中17所仍然处于筹备过程中，占比仅为全国高校数量的0.903%。“985”高校中开设芯片相关专业的高校总数为33所，其中建设或筹备示范性微电子学院的高校有23所，“211”院校中筹备建设示范性微电子学院的仅有3所。由此可知，芯片人才供给“捉襟见肘”的缘由了。

（二）我国高校芯片相关专业人才素质难以适应企业要求

调研结果表明，我国芯片人才不仅在供给上数量不足，在质量上也不尽如人意。华中科技大学“中国芯”调研组调查数据（见表1）显示，31.6%的企业认为大学芯片专业人才水平难以达到企业要求，这反映出我国高校芯片相关专业毕业生的实际能力与企业对其能力的要求之间存在错位，具体原因可能有以下方面。

表1　芯片行业目前主要存在的人才问题

问题	人才流失较多	研发能力不强	芯片专业人才缺乏	薪资不高	高端人才向国外流失严重	大学芯片专业人才水平难以达到企业要求	其他
频数	28	7	66	17	7	33	17

续表

问题	人才流失较多	研发能力不强	芯片专业人才缺乏	薪资不高	高端人才向国外流失严重	大学芯片专业人才水平难以达到企业要求	其他
比例	26.3%	7.0%	63.2%	15.8%	7.0%	31.6%	15.8%

数据来源：华中科技大学“中国芯”调研组。

1. 芯片相关专业毕业生工程实践能力欠缺

华中科技大学“中国芯”调研组的调查数据（见表2）显示，近一半（47.5%）的受访企业认为应届大学毕业生难以适应工作需要的原因包括工程实践能力不足，产品研发能力差，这反映出高校人不够重视学生实践能力的培养，提供的工程实践机会和实践时间较少。上海交通大学微纳电子学系负责人谈道，工程化在集成电路这个领域是非常重要的，特别是工程经验，如果一直只待在学校里面，工程经验就非常缺乏。本次调研发现，造成这一问题的原因是多方面的。

表2　应届大学毕业生难以适应工作需要的原因调查结果

原因	专业基础理论薄弱，创新能力不足	实验设备仪器缺乏	工程实践能力不足，产品研发能力差
频数	16	9	50
比例	15.3%	8.5%	47.5%
原因	师资队伍不够多元化，没有专业实践型导师	专业实践时间短	其他
频数	12	46	2
比例	11.9%	44.1%	1.7%

数据来源：华中科技大学“中国芯”调研组。

首先，芯片产业普遍要求学生能学以致用，但高校培养体系更多地关注学生的理论基础，而较为忽视学生实践能力的培养。调查数据显示，11.9%的受访企业认为师资队伍中缺少专业实践型导师是导致应届大学毕业生难以适应企业工作需要的因素之一。

其次，华虹宏力、IC咖啡等企业认为，高校缺乏工程实训的环境也是造成这一问题的重要原因。我们从访谈中了解到，芯片产业投入大、成本高、回报周期长，高校没有充足的资金和设备为学生提供与企业相同的设备操作和流片机会。目前，学生在校动手实践的机会基本来自实验课程和相关科技创新比赛，但这些方式接触的设备都是简单且过时的。

与此同时，本次调查表明，44.1%的受访企业认为，专业实践时间短也是毕业生难以适应工作需要的主要原因之一。调查结果显示，74.6%的受访企业认为，芯片专业的学生在岗实习时间最短应为半年及以上（见表3）。国民技术股份有限公司、上海裕芯电子等企业认为学生很难在低于半年的实习中有较大收获，而目前高校毕业生的实习时间大多只有二到三个月甚至更短。在访谈中，不少企业表示愿意与高校联合培养芯片相关专业人才，给学生提供实践机会，而且上海交大等高校也正在积极开展产学研联合培养项目。

表3　企业认为的芯片相关专业学生最短在岗实习时间调查结果

实习时间	1个月	3个月	6个月	半年以上
频数	4	23	46	32
比例	3.4%	22.0%	44.1%	30.5%

数据来源：华中科技大学“中国芯”调研组。

2. 高校课程设置与企业实际需求不接轨

我们通过调查了解到，高校芯片相关专业课程设置与芯片企业实际需求有不吻合的地方。复旦大学微电子学院等院校的受访人士认为，高校芯片相关专业使用的教材大都已经过时。芯片行业技术迭代非常快，半导体企业的设备和技术发展往往走在高校前面。随着芯片产业快速发展，企业愈发需要掌握综合性学科知识、拥有创新能力的高端人才，而目前高校的人才培养体系难以产出这类人才。针对这一问题，深圳赛意法微电子、北京华虹等多家公司在受访中指出，学生在学校更多地应该学习提高解决问题的能力和培养创新意识，高校应该加强学生在项目管理、实验设计方面的培训，根据芯片行业的发展需求及时调整课程体系，完善芯片人才培养计划。培养出满足企业需求的芯片人才，是高校芯片相关专业进行课程改革的重要目标。

第三节 芯片人才流向错位加剧供求失衡

华中科技大学“中国芯”调研组通过对多个省市的企业和高校进行访谈，发现受访者普遍反映芯片行业存在如下一个问题：应届毕业生在就业时，更倾向于选择互联网、计算机、人工智能行业。在访谈中，清华大学的教师表示，在选择就业的毕业生里只有极少数去了芯片产业；上海、杭州、深圳等地多家公司受访高管均表示，很多芯片专业优秀人才都流向了互联网方向；清华大学张雷教授也指出，大量人才都在涌入人工智能软件领域。华中科技大学“中国芯”调研组通过调查分析认为，造成这种现象的主要原因有以下方面。

（一）热门行业“虹吸效应”引致人才待遇反差大

集成电路行业人才流失率较高的背后，芯片人才薪酬待遇问题不容忽视。访谈过程中，杭州士兰微电子、上海格科微电子等多家企业的要职人士均表示，芯片行业研发周期长、见利慢，芯片人才的薪资待遇的成长速度相较于互联网等热门行业来说要慢许多，芯片人才在刚进入芯片产业时，面对芯片相关岗位与其他非芯片行业热门岗位之间的巨大薪酬落差，往往难以坚持在芯片产业发展。

《中国集成电路产业人才白皮书（2017—2018）》指出，2018 年，我国集成电路行业平均薪资水平为 9120 元/月，较金融、互联网领域的平均薪资有很大差距。较高的时间成本和缺乏优势的薪酬水平，严重削弱了集成电路行业对人才的吸引力。

此外，部分社会人才科研情怀不深。芯片行业在我国的人才市场中认可度明显不高。中芯国际、上海富瀚微等多家企业均表示，芯片行业从业人员的地位与声望都不够理想，不少毕业生对国家重器的认知比较薄弱，缺乏投身芯片行业的内在动机。

在此情形下，互联网行业的虹吸效应愈发明显。智联招聘发布的《2016年互联网行业用工薪酬报告》显示，作为近年来就业形势最好的行业之一，互联网行业凭借广阔的发展前景、优厚的福利待遇、人性化的组织管理模式等鲜明特点，吸引了来自各行各业的优秀人才。北京华虹公司经理谈道："现在互联网公司的规模太大了，成长也太快，它们的模式和方式对年轻人吸引力更大一点。"深圳云硅半导体高管对此现状表示担忧："在整个大环境下，有很多优秀人才都在往互联网、云端上面走。不是我们培养不出人才，而是就业方向需要怎么去引导，这是我比较担心的。"

互联网行业人才虹吸效应对芯片行业人力资源积累造成了巨大冲击，如何改变这种两极分化的局面，合理地引导人才流动、引导产业均衡发展，是值得重点关注、思考的问题。

（二）芯片行业见利周期长致使人才外流压力大

一些芯片企业领导人士告诉我们，在芯片行业如果想做出一番成就，取得一定地位，就需要在国内水平领先的芯片企业里摸爬滚打数十年。芯片行业有句流传很广的话，"第一名吃肉，第二名喝汤，第三名要完蛋"，说的就是芯片行业的技术与资金大都留存在头部企业的残酷现实。比如，对于负责模拟设计的芯片工程师来说，其至少要在行业磨炼三年才算得上"上手"，而这样的磨炼，如果不是发生在行业内的一流公司内，则几乎没有意义。

迈入芯片产业就意味着要面对数十年的等待与奋斗，因此，有相当一部分应届毕业生对进入芯片行业持保留态度。

第四节 才稀"芯"落何以走向"芯"光灿烂

（一）人才政策勇于创新，强力举措育人聚才

1. 集成电路一级学科化

集成电路相关专业作为电子科学与技术下的二级学科，受一级学科限制，招生数量有限。建议相关部门将集成电路升格为一级学科，为扩大人才供给打破制度藩篱。

四川和芯微电子指出，全球芯片行业都缺人才，只要行业还在发展，要破解人才难题就是伪命题，关键是人才从哪里来。电子科大一年培养本科生 220 人，已算是招生量不错的学校，但还是杯水车薪。目前，集成电路相关行业从业人员有 15 万人左右，我们预计缺口在 40 万人左右，未来 3～5 年可能会上升到 70 万人，人才供应不过来。

2. 双管齐下：建立企业大学

仅靠高校填补人才空缺远远不足，企业可以创建企业大学（如三星综合研修院）来加快芯片人才培养步伐，更好、更及时地解决自身需求问题。这也有利于将人才培养过程与企业生产实践直接联系起来，弥补人才工程实践能力不足的问题。

访谈中有企业就表示，靠挖人去解决人才问题，公司是成长不起来的，人才必须靠自己培养。

3. "泥腿子"里出将才

企业可从基层人力中挖掘"潜力股"，不看其专业是否对口，而是让他在工作中逐步积累经验，升华自己，逐步成才。

成都嘉纳海威指出，芯片行业最大的问题是“泥腿子”不够。比如，我们这些同事，大部分人刚开始时是没有什么经验的。但经过一年多的培养后，我觉得他们现在的战斗力是比较强的。这些人有物理专业、机电专业的，几乎全是非微电子专业出身。

（二）国家设立专门机构，招揽海外高端人才

一方面，国家可以设立芯片外国专家局，其主要职责包括：对来访国外专家、高层次人才进行认定并提供相关管理服务；拟定国外芯片人才、芯片专业留学人员引进政策并提供相关管理服务；设立专项奖学金，派遣国内优秀芯片人才出国深造，与国外高校或企业联合培养高水平芯片人才。

武汉东湖高新管委会受访人士表示，现在很多在国外生活的芯片工程师对回国工作持有一种观望的态度，国家需要吸引这部分人才。除此之外，还可以用好外籍人士。很多公司聘请外籍人士的目的，一是推动技术攻关，二是帮助培养本土技术人才。

另一方面，可以借鉴三星集团的海外人才战略，支持本土芯片企业在海外设立研发中心、建立技术研究院以及跨国兼并海外芯片企业，吸收当地芯片人才和研发资源为“我”所用。

清华大学微电子学研究所受访人士表示，就与三星的合作来讲，教学上，研究所每年都会请几位韩国专家把相关新技术以讲座形式带给学生们；科研上，三星每年为研究所提供100万美元的研究经费，以合作项目的形式发放，教师们都可以申请，从而激励大家创新。

（三）深化科教协同，强化产学融合

1. 深化教学改革

高校应加强加快芯片相关专业的课程改革，定期更新教学内容，适时编写具有针对性和实效性的专业教材，挖掘与实际应用紧密结合的教学资源。实施和推广案例教学和项目式教学等方法，注重综合性项目训练。补

充有芯片行业工作经验的师资力量，聘请企业资深专家给学生上课或开展与前沿芯片技术相关的讲座与专题汇报。

积极发挥集成电路设计大赛等各级各项赛事的作用，以赛代课，以赛促学，巩固学生的专业知识，增强学生的创新意识。推动各级科研基地向学生开放，让本科生早进实验室，提高创新实践能力。

2. 加强学科交叉

高校应重视交叉学科人才培养，以实践为基础，以兴趣为导向，加强学科合作，丰富专业课程选择，鼓励学生跨学科、跨专业学习，加大学科知识广度。注重培养对软硬件、产业生态都有所涉猎的人才，区别培养理论研究型人才与工程应用型人才，增加专业型研究生的招生名额，加快相应培养体系建设。

3. 力促校企合作

高校应深入开展与企业的研发合作，建立联合实验室，形成针对芯片产业某一方向的人才梯队建设机制，做好人才储备。同时应尽量保障学生在岗实习时间为半年及以上，设置专门的实习假期，增加专业型研究生的实习时间。建设双导师制度，构建“订单式”人才培养模式。加强就业指导与科研合作，共享培训与科研资源，为学生提供更成熟、更先进的工程实践环境。

华润上华指出，学生第一年把研究生课程上完之后，如果有意愿可以签一个协议，如毕业之后至少在公司工作两年，企业就可以提供相应的资源，包括课题、导师、实验仪器和实验材料等，或者直接邀请其进入项目组，参与企业发展所需解决的课题。

上海交通大学微电子学院受访人士指出，在学院内部，学生在硕士阶段第二学年就被送到企业里面去实习，时间一年到一年半，可以结合企业已有的项目来写毕业论文。在整个过程中会有两个导师，一个是校内导师，一个是企业导师，校内导师的主要作用是负责学生的学术训练。

（四）重视激励激发，提升行业认同

1.“心之所向”：培养在校学生行业担当

高校应加强在校生对芯片行业产业链环境、发展前景等方面的认知教育，如教师做好言传身教、邀请行业人才来校做分享等，让学生真实感受到行业发展的内力和前景。同时，高校可与企业共同建立研究课题组、学生俱乐部、实习基地等。洪芯微电子、华为等在这方面进行了有益的探索，让学生不仅能精进自己的专业综合能力和工程实践能力，而且能够深入了解芯片产业、认同公司文化、增强行业认同感。更为重要的是，让学生从企业精神中体悟家国情怀、激发责任担当。

2.“破旧立新”：改变社会观念，营造认同氛围

只有加强政府引导，积极发挥企业、媒体的推动作用，在社会上形成尊重和认同芯片人才的氛围，才可以从根本上改变人们对芯片行业的认识，彻底改善行业人才状况。媒体应积极承担社会责任，加大对芯片行业和芯片人才的报道，对芯片人才的先进事迹进行充分挖掘，传达出政府对人才的重视、社会对人才的关爱，以及用人单位对人才的渴求，引领全社会尊重人才的新风尚。

— 参考文献 —

[1] Kane G C，Palmer D，Phillips A N，et al. Winning the digital war for talent [J]. MIT Sloan Management Review，2017，58（2）：17.

[2] Vaiman V，Sparrow P，Schuler R，et al. Macro talent management：A global perspective on managing talent in developed markets [M]. NY：Routledge，2019.

[3] 桂黄宝，刘奇祥，郝铖文. 中国高技术产业全球价值链重构研究——基于“中兴被制裁事件”的讨论 [J]. 科技管理研究，2017（7）：1-6.

[4] 刘钰彤．补贴如何促进我国芯片行业的发展［J］．中小企业管理与科技（下旬刊），2018（7）：26-27.

[5] 刘强．集成电路专业本科国际化人才培养课程体系研究［J］．教育教学论坛，2019（8）：154-155.

[6] 刘志洋．从中美贸易争端视角试分析我国芯片产业的发展［J］．数字通信世界，2018（8）：136-137.

[7] 任鸣，张琦泽，裴季壮．中国芯片路在何方？——部分芯片企业和专家研讨会侧记［J］．紫光阁，2018（6）：44-46.

[8] 宋亮，任海峰．新技术引燃星星之火，芯片产业生态坚冰渐融［J］．产业创新研究，2018（9）：16-18.

[9] 王阳元．发展中国集成电路产业的“中国梦”［J］．科技导报，2019（3）：49-57.

[10] 张海兵，刘伟．提升我国集成电路产业核心竞争力研究［J］．科技创新与应用，2018（5）：187-188.

[11] 张锐．中国芯片业的软肋与强身［J］．中外企业文化，2018（8）：28-33.

教育篇

集成电路领域工程师人力资本的形成和培育调查报告

『导　言』

（一）调研背景

集成电路产业是支撑国民经济社会发展的战略性、基础性、先导性产业，也是我国当前需要重点突破的“卡脖子”领域。破解集成电路“卡脖子”难题，关键在于人才。国家对集成电路人才培养日趋重视，劳动力市场人才需求十分旺盛，这对集成电路学科专业建设和人才培养提出了新的要求和挑战。

1. 国家对集成电路人才培养日趋重视

为推动我国软件产业和集成电路产业的发展，国务院早在2000年即印发了《鼓励软件产业和集成电路产业发展的若干政策》。2003年，教育部、科技部为贯彻落实这一文件精神，决定在有关高校建设国家集成电路人才培养基地。首批获批国家集成电路人才培养基地建设单位的有清华大学、北京大学、华中科技大学等9所高校，2004年和2009年又有北京航空航天大学、西安交通大学、哈尔滨工业大学等11所高校先后加入。

2011年，在集成电路产业快速发展的背景下，国务院印发《进一步鼓励软件产业和集成电路产业发展的若干政策》，针对我国集成电路产业的短板和薄弱环节继续加大政策支持力度。2014年，国务院印发《国家集成电路产业发展推进纲要》，首次将扶持集成电路产业发展提升至国家战略层面，鼓励有条件的高校建立微电子学院。2015年，教育部、国家发改委、科技部、工信部、财政部、国家外国专家局六部门公布了首批9所正在建设和17所正在筹建示范性微电子学院的高校名单。2016年，教育部、国家发改委、科技部、工信部、财政部、人社部、国家外国专家局七部门联合发布《教育部等七部门关于加强集成电路人才培养的意见》，提出创新集成电路相关专业人才培养机制，提高人才培养质量。2019年，国家发改委、工信部、教育部根据《国家集成电路产业发展推进纲要》和《教育部等七部门关于加强集成电路人才培养的意见》，积极推进中央高校建设国家集成电路产教融合创新平台，至今已有清华大学、北京大学、华中科技大学等8所高校获批建设该平台。

面对复杂严峻的国内外形势，国务院于2020年发布《新时期促进集成电路产业和软件产业高质量发展的若干政策》，提出加强集成电路和软件专业建设，加快集成电路一级学科设置，支持产教融合发展。同年，国务院学位委员会决定在“交叉学科”门类下设立“集成电路科学与工程”一级学科。

自从《进一步鼓励软件产业和集成电路产业发展的若干政策》出台以来，国家一直持续推出各种鼓励政策来促进集成电路产业的发展，并且这些政策的力度不断增强。在最新的《新时期促进集成电路产业和软件产业高质量发展的若干政策》中，国家还将发展集成电路产业的迫切性置于软件等产业之前，凸显出国家对集成电路产业和人才培养的重视程度正在逐步提高。

2. 集成电路产业人才需求十分旺盛

自2017年起，为准确把握我国集成电路行业人才需求状况，了解我国集成电路产业人才结构和分布情况，工信部软件与集成电路促进中心、中国电子信息产业发展研究院联合中国半导体行业协会、示范性微电子学院产学融合发展联盟、安博教育集团等单位每年定期编制《中国集成电路产业人才白皮书》（2021年更名为《中国集成电路产业人才发展报告》），至今已发布6份报告。报告主要涉及集成电路产业发展情况、人才需求结构、人才供给结构、薪酬福利、人才招聘、人员培训、人才培养、发展趋势和对策建议等内容。

比较分析各版本报告内容后可知，近年来，我国集成电路产业保持快速发展势头，产业规模呈现不断增长的发展趋势。我国直接从事集成电路产业的从业人员数量呈现持续增长态势（见图1），但人才总量仍然不足，到2023年缺口预计超20万人。集成电路人才需求结构逐步从设计业和封装测试业“两头重”、制造业“中间轻”向设计业和制造业“前中端重”、封装测试业“后端轻”变化。集成电路相关专业的毕业生进入本行业比例不断提升，集成电路对专业人才的吸引力逐步增强。集成电路行业薪酬稳步提升，行业发展环境不断完善，但集成电路产业人才建设存在领军人才缺乏、人才流动频繁、工程经验匮乏等问题，迫切需要加大集成电路人才政策激励，加强海外高端人才引进力度，加大国内人才培养力度。

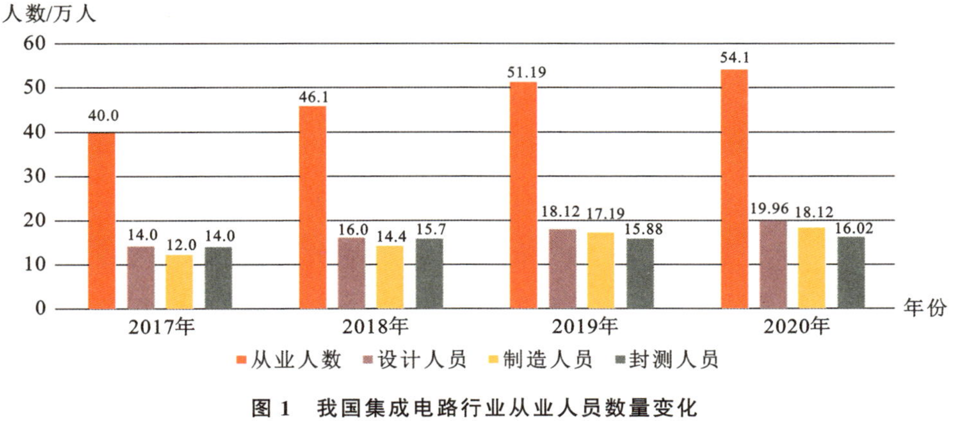

图1　我国集成电路行业从业人员数量变化

数据来源：由各版本《中国集成电路产业人才白皮书》整理而成。

报告从整体上绘制出了我国集成电路产业人才状况，提供了该产业的“人才家底”，明确指出我国集成电路产业仍处于人才需求旺盛期，亟待加快人才队伍建设，更好开展人才培养工作。

3. 华中科技大学集成电路学科专业建设加快推进

华中科技大学于1960年开始创办半导体相关专业，先后获批成立国家集成电路人才培养基地、国家示范性微电子学院、国家集成电路产教融合创新平台、未来技术学院、集成电路科学与工程一级学科博士点，积累了雄厚的集成电路科学与工程学科基础，是全国同时拥有“微电子学与固体电子学国家重点学科、国家集成电路人才培养基地、国家示范性微电子学院、国家集成电路产教融合创新平台、集成电路科学与工程一级交叉学科”等五大国家级人才培养学科平台的6所高校之一。

2021年，华中科技大学成立集成电路学院。学院以服务国家重大战略和区域经济发展为目标，瞄准集成电路“卡脖子”难题，聚焦存储器、传感器、光电芯片、显示器、化合物半导体等学科前沿，打破学科壁垒，强化交叉融合，突破关键核心技术，培养国家急需人才，实现集成电路学科国际领跑，支撑我国集成电路事业的自主创新发展。成立至今，学院已形成一支高水平师资队伍，拥有专职教师和教学实验人员113人；建立了完善的人才培养体系，“微电子学与固体电子学”2007年被评为国家重点学科，“集成电路设计与集成系统”“电子科学与技术”“微电子科学与工程”本科专业分别在2019年、2020年、2021年获批国家级一流本科专业建设点，拥有集成电路科学与工程、电子科学与技术、电子信息硕士点和博士点。

华中科技大学集成电路专业以建设国家集成电路产教融合创新平台为契机，致力于整合高校和产业优质资源，将国家的要求、企业的需求和学校人才的供给联为一体，形成集成电路工艺实训、设计实训和创新研究的完整体系。华中科技大学光学与电子信息学院在2018年和2019年两次组织师生赴集成电路企业开展调研活动，深入推进产教融合。其中，2018年以“走进‘中国芯’，践行‘中国梦’”为主题，70余名师生调研近百家企业，形成20万字调研报告；2019年以“光电‘芯’青年，建功新时代”为主题，通过访谈光电青年校友深入了解行业发展现状。

随着国家对集成电路人才培养的日趋重视，以及企业和高校多方主体的积极介入，集成电路行业的人才需求状况不断明晰，人才培养逐渐驶入快车道。不过，已有的对集成电路人才需求状况的调研分析主要停留在“全景扫描”上，重视整体描述，轻视具体分析；重视全面综合，轻视典型刻画；重视人才需求，轻视教育功能。究其原因，主要在于这些调研还处于初始阶段，先前并无类似的探索尝试。当前，经过五年左右的前期摸索，面对集成电路领域的新变化，有必要进一步开展该领域人才需求的深入调研，探究下列问题：集成电路产业人才需求的能力结构是怎样的？产业人才需求能力结构与高校人才培养现状的匹配程度如何？影响高校更好进行人才培养的因素有哪些？如何加快高校人才培养进度？本次调研即要解决这些问题。

（二）调研目的

1. 厘清集成电路产业的人才需求

通过对各集成电路企业高管人员和 HR 的深入访谈，了解企业人才需求的现状和痛点，主要涉及近些年招聘人才的学历层次、毕业高校类型、专业背景，人才招聘过程中重点考察应聘者的哪些能力和表现，企业更需要人才具有何种知识与能力，应聘者的总体质量是否达到了企业期待，企业与高校协同育人的具体情况及其成效如何等内容。

2. 反思集成电路人才培养的问题

在厘清集成电路产业人才需求的基础上，着重关注技术新人在职业发展过程中遇到的难题、企业反映的高校人才培养问题、校企协同育人中的难点和挑战，由此反思高校人才培养存在的问题及其成因，思考教育背景、教育过程对集成电路人才职业胜任力的影响。

3. 推动集成电路人才培养的改革

针对高校集成电路人才培养存在的问题，结合企业高管和技术人员提供的一线意见，梳理出改进高校人才培养的相关对策，纾解高校人才培养困境，推动高校人才培养体系改革。

（三）研究意义

1. 理论意义

一是明晰集成电路人才的教育背景和教育过程与其职业胜任力之间的关系。通过探究不同学历层次、不同毕业高校类型、不同专业背景等因素对人才职业胜任力的影响，发现教育背景和教育过程与集成电路人才职业胜任力之间的深层次关系。

二是揭示集成电路领域工程师人力资本的形成和培育过程。基于对技术人员受教育过程和工作过程的回溯，展现技术人员由学生到职场人士的成长史，从中剖析集成电路领域工程师知识、能力、价值观的形成和发展过程。

2. 实践意义

一是促进集成电路学科建设和人才培养。从企业端入手调查了解人才需求现状、痛点和对策，能够有效促进集成电路学科建设和人才培养。

二是推动集成电路领域的产学研合作。走访多家集成电路企业，既能凝聚校友力量，又能密切高校和企业的联系，推进双方在科学研究和人才培养上的合作。

三是增强学生投身集成电路事业的责任和使命意识。带领学生走进企业一线，既能够让学生在实践中加深对专业和产业的认知，又能够使学生明确专业学习所承担的责任和使命，坚定投身集成电路事业的志气、骨气和底气。

（四）调查方法

为充分了解集成电路产业对于人才的需求，本次调查采用文献调查法、实地观察法、访谈法，围绕集成电路全产业链的设计、制造、封装、测试等各个环节，选取 12 家代表性企业开展调研。

1. 文献调查法

文献调查法是指通过对文献的收集和摘取，以获得关于调查对象信息的方法。它是一种先行的调查方法，一般作为调查活动的先导。在调查活动开始前，实践团队通过三种途径进行文献调查。其一，利用各种途径收集国内外有关集成电路人才培养研究、集成电路产业研究的文献资料，包括学术专著、研究报告、会议论文集、学术期刊等，并对不同时期的文献资料进行细致的整理分析，由此了解本课题的研究动态与走向。其二，收集我国近年来颁布的指导集成电路产业发展、集成电路人才培养的各类方针政策，并对其中较为重要的内容进行认真分析与解读，为本调查奠定坚实的政策基础。其三，深入样本企业，收集和研究样本企业相关的文献资料，并结合本次调查活动的目的进行整理分析。

2. 实地观察法

实地观察法是指在现场通过观察获得直接的、生动的感性认识和真实可靠的第一手资料。实践团队实地走访了武汉数十家集成电路企业，获得了诸多有效信息。首先，通过实地观察，较为直观地了解到企业的规模、企业的文化与特色、企业人才的精神面貌。其次，实地参观了企业集成电路产品的制造车间，了解了集成电路工艺制造流程。最后，通过观察集成电路成品与基于集成电路产品的智能产品，加深了对集成电路人才培养迫切性与重要性的认识。

3. 访谈法

访谈法是比实地观察法更深一层次的调查方法，它能获得更多、更有价值的信息，适用于调查问题比较深入的情形。本次调查活动采用半结构式访谈法，以企业高管、HR、技术骨干与新进员工为调查对象，进行有针对性的深入访谈，全方位收集各方关于集成电路人才培养的意见。调查活动的访谈对象较为多样，调研范围覆盖集成电路产业全链条。访谈方式分为个别访谈法、集体访谈法两种。个别访谈主要采用一对一或多对一的方式，针对企业工程技术人员展开，集体访谈则主要是对企业高管、HR与新进员工进行的一种多对多的访谈形式。

（五）调查思路

在指导老师的带领下，本次调研的主要目标是从集成电路人才的需求端出发，探索集成电路企业对人才的需求及其对供给端人才培养的建议。本次调研思路主要包括：前期进行文献准备，制定与完善访谈提纲；中期进行实地调查走访，收集访谈资料；后期对访谈资料进行整理分析并形成报告。

在调研初期，实践队员对三类文献资料进行整理和分析。第一类文献资料是关于集成电路产业发展与人才培养的，前者如《2017—2023年中国人工智能芯片行业研究及未来发展趋势报告》《中国集成电路产业人才白皮书》《中国集成电路产业发展研究》等，实践队员通过阅读这些资料得以全面地了解集成电路产业的历史、现状、问题，从而确定人才需求是集成电路产业发展的“痛点”。此外，关于集成电路人才培养的文献资料可以帮助实践队员明确集成电路人才培养的现状，明晰人才供给的矛盾点及其背后的成因，理解前人研究的优势与不足，寻找本次调研的创新点。第二类文献资料是关于集成电路产业、学科、人才等政策的。实践团队通过对集成电路产业政策的解读，了解产业发展基本情况、产业未来发展方向与路径；通过对集成电路学科政策的了解，确定学科建设目标、建设方向与路径；通过对集成电路人才政策的分析，发现国家布局人才培养与储备人才资源的思路。第三类文献资料是关于调研企业的。实践团队通过了解调研对象的基本信息，对调研企业的规模、性质、文化等进行分析，可以更加快速有效地进入调查现场。实践团队随后在上述文献资料分析的基础上，根据调研的目标，制订了对企业高管、HR、工程技术人员与新进员工的访谈提纲。

在前期准备基础上，实践团队实地走访了集成电路产业设计、制造、封装、测试等各个环节的代表性企业。2021年7月19日，由光学与电子信息学院、教育科学研究院共同组织实施的华中科技大学“奋斗百年路，启航‘芯’征程”主题社会实践出征仪式在光电信息大楼C117报告厅举行。全体实践队员整装待发，以昂扬的精神状态擂响了出征的战鼓。7月20日，在教育科学研究院蔺亚琼、任令涛和许心蕊老师的带领下，汤瑞丽、袁景蒂、袁东恒、刘雨心、刘志霞、李美玲等硕博生在光学与电子信息学院对集成电路学院雷鑑铭副院长与H公司T团队相关人员进行访谈。7月21—30日，由光学与电子信息学院、教育科学研究院组成的联合小队，分别奔赴各企业所在地，进行实地调研，收集访谈资料。在这一过程中，实践团队不仅完成了当天的访谈任务，还对当天的活动进行了复盘，初步整理了访谈资料，并进一步修订和完善访谈提纲，为后期的资料收集与分析打下了坚实的基础。

在调研后期，实践团队通过对访谈资料的质性分析，提炼企业对集成电路人才的需求以及对高校人才培养的建议等，并运用相关理论分析当前集成电路领域人力资本的形成和发展过程，从而为高校集成电路人才培养提供对策建议。

（六）理论基础

1. 人力资本理论：工程人力资本

美国经济学家西奥多·W. 舒尔茨（Theodore W. Schultz）1960年发表了《人力资本投资》（*Investment in Human Capital*）的重要演讲，指出教育在经济增长中的作用，这标志着现代人力资本理论的产生。时至今日，教育是经济增长的源泉已经取得了普遍共识。人力资本理论也从关注经济增长之谜所涉的宏观视角逐渐拓展到个人收入所涉的微观视角。宏观层面上，学校教育和知识进展都是经济增长的主要源泉，这要求进行知识的储存和教育的投资；微观层面上，学校教育可以提高人的能力，使学生具备适应未来工作变化的能力。

舒尔茨的研究在宏观上证实了教育在促进经济增长方面的重要作用。人们通过对自身的投资来提高其作为生产者和消费者的能力，而学校教育则是对人力资本的最大投资。舒尔茨关于人力资本的解释包含四个方面：

一是认为人力资本是体现在人身上的知识、能力与健康；二是人力资本的获取需要一定的时间成本和机会成本；三是人力资本是比物质资本更为重要的促进经济增长的因素；四是应当根据市场多变的供求关系来进行人力资本的投资。人力资本作为经济增长的重要驱动力，对经济增长的影响大致可分为直接影响和间接影响两类。直接影响是指人力资本提高了劳动生产率，即直接促进了经济增长。间接影响是指人力资本通过作用于技术进步、制度变迁等要素来影响经济增长。对此，罗默（Paul M. Romer）将技术进步内生化，揭示了人力资本与技术进步的关系，提出是人力资本的存量而非人口数量决定了经济增长率。人力资本理论为我国规划教育投资、提高人口受教育水平、增加劳动者收入、促进教育改革提供了思想基础。

改革开放以来，我国经济快速发展，已经成为名副其实的“世界工厂”，中国制造享誉全球。但是我国的制造业大而不强，长期面临着转型升级的巨大挑战。2018年，中美贸易争端爆发，而双方竞争的焦点正是集成电路产业。我国集成电路产业技术水平较低，投资少、研发能力弱、人才储备不足等问题日益尖锐。在此背景下，我国必须重视发挥高校基础科研和人才培养的优势，聚焦高级专业人才能力培养，为集成电路产业发展提供人才资源。“只有当学校教育提高了未来的生产率，增加了劳动报酬，它所作出的贡献方才成为已度量到的经济增长的源泉。”教育收益与人力资本的增长显著相关，人才是集成电路产业发展的第一资源，尤其在供不应求的劳动力市场中，进行人力资本投资的意义非凡。《国家集成电路产业发展推进纲要》《教育部等七部门关于加强集成电路人才培养的意见》等系列文件的颁布，都对集成电路产业发展中如何解决人才培养和配套问题给予了高度关注。

基于此，本次调研通过聚焦人力资本概念，试图努力回答“集成电路产业人才需求的能力结构构成”，即“工程人力资本”的要素是什么，以进一步指导学校教育的人才培养改革，有效提高学生的未来劳动生产率，促进产业经济发展。

2. 工程能力模型理论

2016年，美国工程教育协会发布“工程能力模型”（engineering competency model），用以帮助教育者、雇主、专业人员和未来工程师了解产业所需的关键工程知识和能力。该模型的研发团队招募了美国工业界、学术界的代表人物和专家，收集了包括ABET认证标准、工程学会颁布的系列文本，以及来自美国各地学术机构的课程和培育资源，并进行了大量的草案研讨会。

工程能力模型是一个金字塔层级模型，从第一层到第五层分别是个人效能能力（personal effective competencies）、学术能力（academic competencies）、职场能力（workplace competencies）、行业领域的技术能力（industry-wide technical competencies）和工业部门的职能范围（industry-sector functional areas）（见图2）。

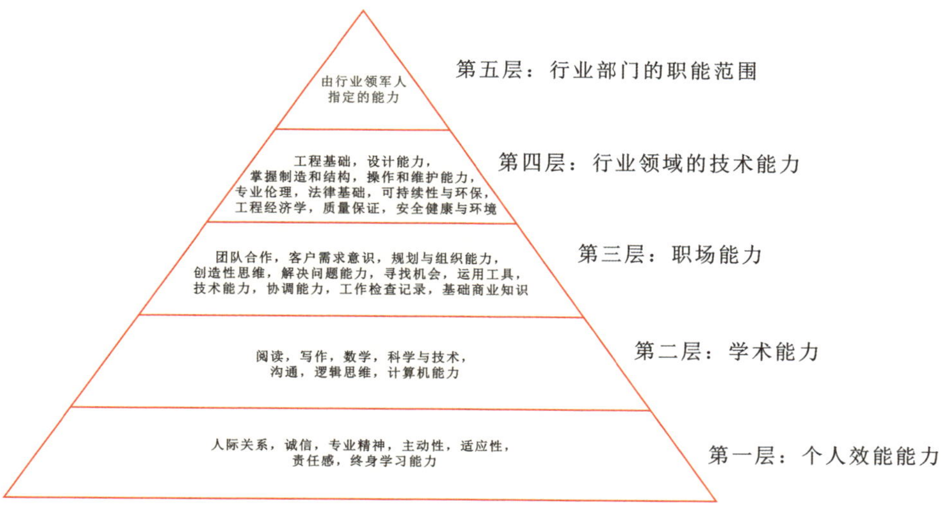

图2 工程能力模型

（资料来源：Leslie C. Engineering competency model [R]. 2016 ASEE Annual Conference & Exposition，2016.）

在工程能力模型中，第一层到第三层代表了“软技能”和雇主要求的工作准备技能。第一层的个人效能能力代表的是生活角色中必不可少的个人属性，这种能力往往要在家庭、学校和工作中培养。它包含：① 人际关系，即与他人共情、善于洞察行为、具有开放心态和包容不同文化；② 诚信，即勇于承担责任、遵守道德、崇尚公平正义；③ 专业精神，即情绪稳定、职场形象良好、态度乐观积极以及具有良好的专业判断力；④ 主动性，即坚韧、有效完成/超越工作要求、勇于挑战、独立；⑤ 适应性，即充满活力、善于处理复杂事情；⑥ 责任感，即积极履行义务，做到准时、细心、准确；⑦ 终身学习能力，即渴望学习、积极获取新的知识和技能、有能力整合与应用知识。

第二层是学术能力，具有较高的迁移性，主要是在学校环境中培养，具体包含：① 阅读，即理解信息、识别隐含意义、分析与集成信息的能力；② 写作，即能够进行基本的商务英语写作和具有读者意识；③ 数学，即计算、测量和估算、应用公式的能力；④ 科学与技术，即理解基本的科学原理、应用科学知识和技术的能力；⑤ 沟通，即与个人、团体进行信息交流、理解和识别信息/情绪、敏锐地观察、说服/影响他人等能力；⑥ 逻辑思维，即推理、分析信息的能力；⑦ 计算机能力，即使用计算机软件及其基本功能、保护计算机信息安全的能力。

第三层是职场能力，主要是个体在工作场所表现出来的动机、特征和自我管理的风格，具体包含：① 团队合作，即明确团员身份和角色、积极建立生产关系、努力实现团队目标、解决冲突的能力；② 客户需求意识，即了解客户需求、提供个性化服务、积极与客户沟通的能力；③ 规划与组织能力，即有效的时间管理、项目管理能力；④ 创造性思维，即创新解决方案、系统性思维能力；⑤ 解决问题能力，即识别问题、收集与定位信息、生成选择方案、提供实施方案的能力；⑥ 寻求机会，即识别潜在客户/需求、主动开发新机会的能力；⑦ 运用工具技术能力，即选择和应用技术、更新最新的技术/工具、排除工具故障的能力；⑧ 协调能力，尽可能高效、经济地制定出满足工作要求的安排的能力；⑨ 工作检查记录，即捕获数据、检测错误、获取信息、维护日志的能力；⑩ 基础商业知识，即了解法规要求、商业诚信、市场知识。

第四层到第五层代表了指定的行业能力，具有跨领域的可迁移特征。第四层行业领域的技术能力包括：① 工程基础，即掌握工程科学（如流体力学、电学、热力学等）、自然科学（如物理学、化学、生物学等）、人文和社会科学（如商学、哲学等）的基础知识；② 设计能力，即能够确定任务要求与约束条件，把握技术的宽度和深度，估计风险与不确定性；③ 掌握制造和结构，即将材料转化或组装成更高价值产品；④ 操作和维护能力，即改进技术以满足客户要求，掌握相应的操作技能；⑤ 专业伦理，即以合乎道德的方式开展实践，具备职业诚信；⑥ 法律基础，即掌握基础业务、法律规范和公共政策知识；⑦ 可持续性与环保，即减少浪费，了解行为的社会影响，持续提高效率；⑧ 工程经济学，即掌握工程项目中的经济知识；⑨ 质量保证，即确保产品和工艺符合规范要求；⑩ 安全健康与环境，即能够遵守安全、健康的工作环境标准和要求。

第五层行业部门的职能范围相比于第四层，能更多地处理和执行任务，代表着特定行业部门的能力子集。

值得注意的是，这五层能力模型试图涵盖尽可能广泛的行业能力，但远不是所有工程知识、技能和能力的最终列表。对行业领导者、雇主、人力资源专业人员而言，这一模型可以用来确定企业的技能需求，评估工程人员的能力和绩效；对于劳动者、职业顾问来说，这一模型能够用于指导开发职业资源；对教育工作者/学者来说，这一模型能够指导以能力培养为基础的课程设计，并提供相应的培训；对当前和未来的工程师而言，这一模型能够使他们对未来事业所需的技能和能力获得清晰的理解和认识。综上所述，这一能力模型为我国集成电路人才需求的能力解构，提供了基本的分析框架，对本研究具有指导性意义。

第一节 集成电路产业需求能力金字塔

本研究基于人力资本理论和工程能力模型，对几十万字的访谈资料进行析出分析，建构了体现我国集成电路产业需求特征的能力金字塔模型（见图 3），努力探索大学在人才培养过程中，应该如何进行工程人力资本投资以有效促使学生获得未来的成功，并为集成电路行业输送真正的优秀人才。

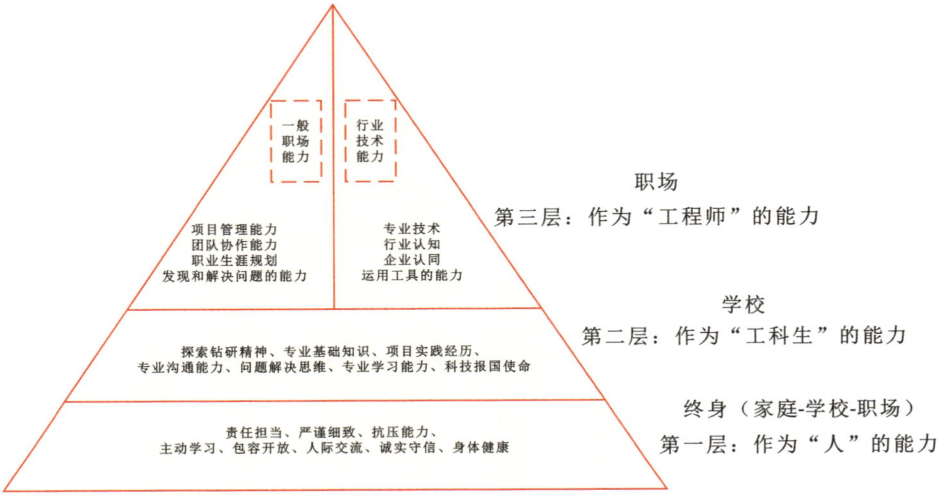

图 3　集成电路产业需求能力金字塔模型

首先，本研究所指的能力并非纯粹个体的能动性，而是与职场具有高度关联，其更确切的表述是“胜任力”（competency），即把有卓越成就的工作者与普通的工作者区分开来的个人深层次特征。其次，能力一定是在具体的情境中，在时空坐标下被培养和识别的。因此本研究分析的能力特征，一方面考察了“人—工科生—工程师”的时间序列，另一方面关注了能力培养中横向跨越“家庭—学校—职场”的空间场域。

本研究将集成电路行业的工程人力资本对应的金字塔能力模型，划分成了三个等级体系，分别是作为“人”的能力、作为“工科生”的能力和作为“工程师”的能力。第一层作为人的能力，它的培养和发展在时间上嵌入人的一生，在空间上贯穿了家庭—学校—职场，具体指个体自身的性格、品质、天资等。第二层作为“工科生”的能力，这一能力的发展主要是在学校空间内进行，学校专业教育对学生进行塑造和培养，所培养的能力主要在专业认知、专业兴趣和专业精神等方面。第三层能力是作为“工程师”的能力，这类能力基本只在职场空间被培养和显现，这类能力的特征比其他两层更容易被评估识别，但也依托着第一层和第二层能力的成长程度，具体指在工作岗位上个体对任务的执行和完成能力。

当然，这三个层级之间，必然具有层层渗透的关联，其可迁移程度呈由上至下递增，且每一种层级的能力都依赖于模型中其他较低层级的能力。本研究认为，学校教育不仅要以第二层能力的培养为主要培养目标，同时还应致力于使这三层能力或子集之间能够互相弥合，彼此支撑，成就集成电路行业真正优秀的工程人才。

（一）第一层：作为“人”的能力

作为“人”的能力是在访谈资料中被识别出来的最底层的能力，其可迁移性程度最高。这类能力来自家庭、学校和工作中的经历，持续伴随着人的一生。它具体包含以下要素：责任担当、严谨细致、抗压能力、主动学习、包容开放、人际交流、诚实守信、身体健康等八大品质素养。

1. 责任担当

责任担当这一品质，几乎被所有调研企业提及，是人最基本的能力和品质，也是其他胜任力的前提和基础，意味着个体能够自觉主动履行自己的职责，对自己的行为负责，并遵守各项规则等。首先，责任担当在职场上意味着一个人能被信任，这是向其交付工作的基本条件。“我们这个工作涉及各个设计方向的相互配合，如果有一个方向或者有一个模块拖后腿了，整个系统就做不了，所以，我觉得负责任是最重要的。”（XJ3）其次，责任担当是集成电路产业的技术特征提出的至关重要的要求，“因为设备和工艺需要非常稳定，有一个固定的操作模式，然后按照一个固定模式去做，所以要看每一步是不是都做到位了，有责任心很重要。”（MG27）

2. 严谨细致

严谨细致表现为对任务精益求精，自觉避免疏漏和错误。集成电路产业对工艺和技术的追求是极致的，对严谨细致提出了非常严苛的要求。“细心是必要的。越是一个精细的工作，越需要你细心，可能某一个小的疏忽就会让前面做的工作都白费了，或者耽误整个项目的进度。”（MF9）

3. 抗压能力

抗压意味着要有韧性，尤其是在面对挑战和困难时，能够保持情绪稳定和积极的心态。“企业里面因为进度压力和项目压力，同事之间可能不会像学校老师一样说话这么亲切，都是就事论事，这种事情你做得不好就是不好，就很直接地指出来了，但是有些刚来的同学承受力很差，这点实际上会成为一个负循环。”（FG23）尤其在快节奏、高压力的工作环境中，较强的抗压能力就成为个人持续成长的关键要素。“有些同学遇到挫折的时候，可能需要很长时间去调整，这会耽搁很多时间。如果不能从这种状态中走出来的话，领导和同事对他也会有一些负面看法，这对他个人的成长其实是不利的。”（FJ9）

4. 主动学习

主动学习强调人的进取心和持续进步的内在驱动力。一方面，它表现为求知欲，即不断学习和更新知识的欲望。“如果你想成为优秀突出的人才，你可能需要积极主动地保持一个开放的心态，然后学习各个领域的知识。”（FJ11）另一方面，它表现为积极主动地参与、融入和适应岗位的能力。“（这）需要自己主动地去了解这个岗位需要做什么，在流程中需要把握什么重点，再围绕这个去开展工作。”（FJ5）

5. 包容开放

包容开放的心态首先是指个体不封闭在已有的认知领域，具备全球视野，这在某种程度上暗隐着创新的机遇。集成电路行业有极为庞大的产业链，具有全球性特征，也具有本土化创新的需求。“思维上需要开阔，因为半导体在我国发展得没有国外那么快，在生产过程当中很容易有一些跟国外相冲突的地方。因为专利限制的原因，我们不能够直接照抄照搬，需要发展自己的思维，要想另外一种办法去解决同一个问题。”（XJ4）包容开放的心态其次强调个体善于理解他人，能够尊重他人不同的观点和文化

背景。“因为不同国家不同地区的工程师在做一个项目的时候，想法还是会有一些不同，所以要解决这些差异。”（XG14）

6. 人际交流

人际交流能力是与他人建立信任、合作、共赢关系的基础。随着知识生产模式的转型，人际交流能力越来越被认为是走向成功的关键能力，甚至决定人的一生可能遇到的机会和资源。“如今……已经不是单点作战了，（以前）科学家（可以）是一个单点作战，现在所有好的项目全部是集团作战，一定是一个团队去做研发……所以对你的协调、沟通、组织能力有很高的要求。”（HG11）人际交流能力表现为能够用简单的语言表达复杂的事物，并且重视其他人的反馈。“首先就是能把语言的转述做得很好，能够抓住重点做转述，然后清晰地表达，用简单语言表达复杂事情，要容易让别人听懂。”（HG42）

7. 诚实守信

“以诚为本，以信为天。”诚实守信是中国传统文化中最为重要的品质底色，也是人际交往合作的基础，是一个人能够赢得他人尊重和信任的前提。“如果一个人要让我们看重，这个人的人品一定要正直。”（HJB11）“我们有一个企业价值观金字塔模型，第一层就是 integrity，所以我们是很看重学生的诚信品质的。诚信可以体现为学生诚实地去反映他过往学到的一些知识，然后在面试中诚实和全面地表达自己”（XG15）。

8. 身体健康

身体健康是一个人发展所有能力的保障，也是人生质量和幸福感的关键因素。这一点虽然没有在访谈中被反复提及，但是对于个人的重要性不容忽视，它是人生成长必备的条件之一。

第一层能力子集之间各自具有一定的独立性，但是在成长过程中，它们往往是彼此支撑、相辅相成的。比如，责任担当建立在最基本的诚实守信之上，很可能会驱动主动学习，良好的人际交流能力则需要包容开放的品质，个人的抗压能力也会影响人的身体健康，当然健康又是所有能力发展的基本条件。

（二）第二层：作为“工科生”的能力

第二层能力具有明显的工程专业特征，它们主要在学校中进行培养，在一定的学科领域中仍具有可迁移性。这类能力是未来优秀工程师的潜在“信号”，在劳动力市场上，雇主应致力于对这些能力进行识别、甄别。它包含探索钻研精神、专业基础知识、项目实践经历、专业沟通能力、问题解决思维、专业学习能力、科技报国使命等七大能力品质。

1. 探索钻研精神

探索钻研精神是学生未来在行业中取得成功的基础，意味着掌握基本的方法，保持端正、严谨的态度，孜孜不倦地对技术进行探索。探索钻研精神内隐着三个层次：① 启发于浓厚的专业兴趣，“人本身就是因为有这样的兴趣，才会不断地探索，而不觉得这只是个工作”（FJ16）；② 具备刨根问底的毅力，“我们毕竟是做技术的，做技术就是碰到问题一定要寻根究底。你要追到最深的地方，因为芯片处于系统设备的最底层，是最原始的东西。你一定要碰到一个技术点，一定要钻到最底层去”（FJ2）；③ 具有精益求精的态度，“在这个过程中不断地去想自己做这个事，有没有更好的办法，有没有更好的思路”（FJ14）。

2. 专业基础知识

对工科生而言，专业教育最为重要的作用就是积累专业基础知识。集成电路是高度专业化的领域，学生必须深入理解和掌握相关的物理、电子、材料和计算机科学知识，以及相关的工艺、设计和测试技术等。“完全没有晶体管原理、半导体物理、固体物理一块的基础知识，就来看我们的书的话，实际上是有一些困难的，他要去做集成电路设计这一块也是有一定困难的。”（XG19）“首先，基础知识肯定是一个必备的要求，因为不管你做什么实践类的项目，肯定都是要有理论支撑的。”（FJX14）“基础知识的是学校里必须要掌握的”（HX8），“基础知识永远是在放第一位的”（HX13），“专业知识是个体未来的可能性中非常核心的要素”（MG14）。

值得注意的是，企业对学生专业基础知识的掌握程度提出了进一步的要求，指出专业基础知识是个体在职场具备持续学习能力的基础。因此，掌握专业基础知识的高阶要求是学会掌握和运用基本原理，提升自身专业学习能力。“没有基础知识背景，不知道怎样去学习基础知识，是很难培养出来的。”（HG40）“我现在可以给你一本新的书，要你把这台设备搞清楚，你能够搞定，是因为你有一定的物理或者数学基础。”（HG16）“基础知识其实是非常重要的，可以帮你去理解更深层的原理，学这些东西可以更好去理解其他的东西。”（FG14）“你如果有基础，不管以后做什么，做模拟、做数字、做射频，都没什么问题，其实方法都是一样的。”（XJ5）

3. 项目实践经历

项目实践经历意味着学生在校期间对工程经验和技能有一定积累，解决问题的能力有所提高，乃至对未来进入职场更有信心。它在就业市场上往往是极具竞争力的“信号”。“如果在研究生期间或者本科期间有相关的项目经验的话，我们肯定是欢迎的。”（FJ17）“假如在本科他有机会做一些项目，那是很好的事情。比如去实习的时候，做一些并不太大但也不小的项目，可能都是加分的。”（GG14）在集成电路行业，雇主尤其看中流片经历。“应聘的硕士生主要看他在硕士期间做了一些什么项目，如果说有流片的经验的话，肯定比较好一点。”（XG5）

4. 专业沟通能力

专业沟通能力不同于第一层的人际交流，特指学生与同领域人员进行技术、专业等方面的交流与协作，以达成共同目标的能力，“你找到问题，但是你讲不出来。把问题说清楚很重要。”（XG2）专业沟通能力除了基本的语言表达以外，还涵盖文字写作、学术英语、PPT 汇报等方面，“这些都是向外界表达自己的能力”（FJX16）。对高层次工程人才而言，学术英语能力是最基本的专业沟通能力，“专业领域的英语表达肯定要很好”

（XJ2）。“这项工作对于英语的要求是比较高的，因为你开的会经常是全英文的，要跟那些国外的同事做交流，英语能力作为一种非常基础的能力是很有必要的，所以我们一般会看一看应聘者的四六级成绩。”（XG15）

5. 问题解决思维

工程学科不同于自然学科，它是基于“应用逻辑”建立起来的学科，因此问题解决思维尤其受到雇主的关注。“如果这个学生能够进来解决问题，能够对解决问题的路径有一个很清晰的认识，那么他一定是可以重点培养的苗子。”（HG33）“拥有解决问题的思路是比较重要的。”（XJ9）学校教育必须注重工科生发现问题、分析问题和解决问题的思维训练，这是学生未来适应职场、获得成功的关键。

6. 专业学习能力

集成电路行业是一个不断发展和变革的领域，它需要个体具备持续学习和探索新技术的能力，即专业学习能力。“集成电路这一块，其实后来需要用到的很多东西都是需要自学的。”（FJX16）在劳动力市场上，专业学习能力的重要性表现为雇主对专业成绩的关注，“看他的专业学习能力，还是要看他的学校成绩什么的”（FG10）。

专业学习能力意味着具有工程学习思维，能够举一反三、触类旁通。“你学过这个东西，大概知道它是什么样，在你学习相关知识的时候，就知道应该套用怎样的学习方法……所以我们其实是很在乎学生有没有这样的学习经历的，我们期望学生能够在学习过程中获得一种学习的能力。”（HG18）

专业学习能力还意味着积极应对多领域交叉、新知识涌现带来的任务挑战，有主动学习的意识和能力。“其实现在有好多问题都是跨学科的，不是单独某一个学科就可以解决掉的”（XJ8），“需要大家去做一些跨部门的了解，跨部门地去学习相关的知识”（XJ10）。

7. 科技报国使命

集成电路行业是国际竞争极为激烈的关键技术领域。目前，我国的集成电路行业正受到国外市场的围追堵截，危机危难时刻赋予了青年学生必须肩负的使命——科技报国。这种使命感在行业企业中，也得到广泛认可。“国运当头的这种历史时机，我觉得是需要有一定的使命感的。”（FG19）“集成电路行业需要学生有足够的情怀。”（XG4）对此，学校教育有责任将“胸怀祖国、矢志创新”的精神，根植学生心底，鼓励他们将自己的技术能力应用到国家建设和发展中，为国家科技进步作出贡献。

由此可见，第二层能力是培养工程师“胚胎”的关键能力，更是学校教育的主要任务。首先，这类能力不仅建立在第一层能力的基础上，同时也反哺第一层的能力。如专业沟通能力与第一层人际交流之间高度关联，探索钻研精神更离不开第一层的责任意识、严谨细致、包容开放和主动学习等素质的发展。其次，第二层能力子集之间相互渗透、彼此互补，如专业学习能力必须建立在扎实的专业基础知识和专业沟通能力之上，而问题解决思维与专业学习能力又高度关联等。最后，这类能力会自然地向上延伸，成为会第三层能力子集发展的基石。

（三）第三层：作为“工程师”的能力

作为“工程师”的能力主要在职场中培养，但是只有依托家庭-学校中的成长积淀，才有可能真正发挥作用。作为“工程师”的能力包含两个方面：其一是在职场上可迁移的一般职场能力，包含项目管理能力、团队协作能力、职业生涯规划、发现和解决问题的能力；其二是个体在具体岗位上需要具备的行业技术能力，主要有专业技术、行业认知、企业认同和运用工具的能力。

1. 项目管理能力

项目管理能力是一种高度综合的领导能力，指计划、组织和管理资源，以便在预算范围内按照符合客户需求的质量标准按时完成项目的能力。这种能力可以被进一步解构为时间节点意识、工程风险意识、全局意识和客户需求意识。

第一，时间节点意识。“毕竟公司是要做产品的，它有交互的时间节点。像芯片这个行业，有一些重大节点是一点也不能耽搁的，因为可能晚一两天，整个项目就不得不延宕几个月，并不是说你晚一天提交，最终的产品只是晚一天出来。所以就节点意识来说，实际工作中可能和学生时代有很明显的区别。”（FJX17）

第二，工程风险意识。随着半导体技术逐渐逼近硅工艺尺寸极限，其投资规模和研发成本不断提高，背后的工程风险远高于互联网行业。“基本来说，你要是失败一次，成本可能少则几千万元，大则一个项目就废了。”（FJ5）因此，工程师必须对任务进度和团队负责，明白自身所在岗位及其职责对团队其他成员的意义。“我们的任何事情其实都是按照一些规定来做的，我觉得有天马行空的想法是好的，但是不能刚愎自用，因为很多错误的操作都是源于一个很好的idea没有跟大家讨论，自己认为可以就把它给做了。”（XJ7）“他觉得他自己能搞定，然后他就埋头苦干，干到最后一个节点，发现搞不定，但是又没有提前跟他的师傅或者说带领人去沟通，这样会导致一些问题。”（FG12）

第三，全局意识。全局意识要求具备系统性思维，对问题有预见性和前瞻性，“比如一个系统架构，他去平衡各个模块，就要从顶层去考虑问题”（XJ3）。这种优秀的素质不仅来自对产业链的深刻认识，还需要对企业运行有深入了解。“首先你知道你在做什么，其次你要知道别人在做什么，最后再把你的工作和部门其他人的工作以及其他部门的工作汇总起来，在自己的脑子里形成一个脉络。”（HJA8）

第四，客户需求意识。工程师不仅是技术专家，还是专业技术领域和市场领域之间的沟通者，研发端人才尤其需要对客户需求与技术成本有敏锐的判断力，具备客户需求意识。“我们的模式主要是客户那边给你提一个需求，你去帮他完成，但是客户有可能不太懂这方面是如何实现的，他给你需求有一些就比较模糊，这时你要和他沟通清楚，比如具体需要什么，又需要多少，有没有一个弹性空间。与客户去谈价格的话，你得对各个方面的材料有大概的了解。”（HJB4）当然，客户需求意识不仅体现在双方交流的沟通上，还体现在生产研发过程中对质量的保证。“出货的产品品质是一定要把控好的……如果出现问题，要分析原因是如何产生的，有没有对客户造成不利影响，要列出来一个详细的解析报告。”（HX14）

2. 团队协作能力

团队协作能力要求个体积极主动地与团队成员沟通协作，协调各部门和个人之间的关系。集成电路企业的工作模式都是以团队为单位推进项目，每位工程师必然会在团队中担任着团员或队长的角色，须合理进行分工合作，共同推进任务完成。“解决问题的一定是一个团队，所以你的协调、沟通、组织能力需要达到很高的要求，这是成为骨干人才的重要因素。”（HG41）

团队协作能力已成为必不可少的职业素养，乃至是个体成长为中层骨干的关键能力。“每个人的性格不一样……要让团队更好地完成工作，就需要引导同事进行一段时间的磨合。”（HX14）“如果作为一个带领团队的人，就要顾及一下团队成员的性格，他们具体适合做哪方面工作一定要划分清楚……要因人而异去安排工作。”（HX14）

3. 职业生涯规划

职业生涯规划是指设定职业目标，识别发展机会，并随着时间的推移采取有效措施实现目标的能力。“我感觉职业规划很重要，还是要了解自己想要做什么，然后专注地去往那个方面发展。如果说我想成为一名研发工程师，我就要知道我需要具备哪些技能，然后朝这方面去努力。”（HX6）。职业生涯规划能力也是工程师自我成长、自我拓展的能力，“成长要有一定的规划……自己给自己做计划，然后一步一步按照计划执行”（HZ7）。

4. 发现和解决问题的能力

发现和解决问题的能力不同于第二层中的问题解决思维，而是具有更显性的和物化的特征，表现在与项目有关的任务上，能有效推动产品的实现，从而得到雇主的认可。这种能力包含发现问题的敏锐性和独立思考的创新性，“有可能你的设计和别人的设计，在组成一个子系统的时候，会出现一些问题，甚至是隐含的问题……这些是需要谨慎把握的”（FJX19）。

同时，发现和解决问题的能力还表现在能运用所学的理论和技术，迅速找到解决问题的路径，直至成功解决问题。“比如有一个小的课题，我要知道怎样去规划它，然后真正去动手做代码实现，最后去做验证。”（XG18）“员工需要思考，这种知识点是怎样转化为我们实际生产过程中使用的设备的，可以怎样帮助我们做出更好的产品，如果产品在性能方面有些不足，我该从哪个点出发去调整它。”（MF7）

5. 专业技术

集成电路产业链十分庞大，包括 IC 设计、芯片制造、封装测试等不同环节，不同工艺、不同岗位对人的知识和技能有不同的要求。“可能最主要的基础学科包括半导体物理、材料物理，可能还有固体物理，主要是物理内容比较多。”（XJ2）

6. 行业认知

工程师需要对自己所从事的行业的发展前景、经济链、工艺创新方向有相对成熟的认知，如此才有可能与客户有效沟通，找准产品研发定位，这企业具备行业竞争力的重要素养。“对行业全局要有非常清晰的认识，因为集成电路行业是非常国际化的一个行业，可能只有前二三位的企业才能存活下来。”（XJ8）

7. 企业认同

企业一般都有自己的文化定位，工程师只有对企业文化有高度认同感，才有可能不惧困难，坚定信念，努力钻研，这也是企业挑选员工的关键考量。“他必须跟我们企业是契合的，然后自己有一个清晰的目标。”（HJB11）

8. 运用工具的能力。

工程师要完成自己任务，就需要具备运用工具的基本能力，这决定了其工作效率提高的程度。“数字 EDA 涉及集成电路设计中的很多环节，每个环节有前端、中端、后端，有几十种甚至有上百种 EDA 工具。”（GG3）“还有一个能力要注重培养，就是数据分析能力和数据分析软件的运用。”（XJ4）工具的运用能力还包括对企业已有系统和软件的快速学习和适应能力。“我们的系统都是基于 Linux 系统，在学校很少用到这些系统，此外还有一些软件的使用问题，这些刚开始上手时是比较困难的。”（XX3）

在这三层能力金字塔中，学校教育主要嵌入第二层。受限于学校教育的资源和定位，以及个体的成长发展规律，学校教育远不能直接输送出优秀的工程师，其真正使命其实是对第一层能力进行拔高和反哺，形塑第三层能力的胚盘。可见，学校教育培养的是“毛坯”工程师，致力于在知、情、意、行等方面，提升学生的个人品质能力，形塑其未来职业发展的潜力。

第二节 高校集成电路人才培养现状及其问题

（一）高校集成电路人才培养现状

在本研究构建的三层能力金字塔中，学校教育主要嵌入第二层。实际上，集成电路企业对高校人才培养现状的认识也大多与这一层次的能力有关。具体来看，集成电路企业对高校人才培养现状的认识主要包含两个方面。

一方面，集成电路企业对高校人才培养的一些成效十分认同，尤其是专业课程方面。本研究对集成电路企业工程师的访谈表明，本科期间的课程有利于他们胜任当前所从事的工作。知识产权领域的工程师认为建模、物理学、材料学、化学等课程对工作比较有用，“在大学里面学的3D建模，现在就能用上，还有一些物理方面的课程到现在还是很有用的，比如分析一些原子模型、分子模型。材料学，还有化学，其实也挺有用，我们当时学了材料物理化学，现在做芯片行业接触刻蚀镀膜这一块时就比较容易上手。”（HZ4）。模拟混合信号工程师认为模拟CMOS和半导体物理等课程为其提供了扎实的基础，“最大的收获就是专业课程。因为我们是微电子专业的，所以会开模拟CMOS课程。这门课程的教材是我们模拟电路设计的圣经之一，就是拉扎维写的那本，即使工作了很多年的员工可能有些地方不懂还是会去翻一翻。还有半导体物理，和我们的工作也有很大关系，当时我们的老师上课很生动，把一些原理上的东西讲得很清楚，让我们对整个底层原理，包括PNG和CMS工作原理有了更扎实的基础”（XJ5）。

另一方面，集成电路企业认为高校人才培养仍存在一些不足。这些不足主要包括专业基础知识掌握不牢固、不扎实，重视专业知识的学习而轻视思维的训练，缺乏项目实践经历，以及科技报国使命动力不足。

技术骨干直接负责指导培训技术新人的工作，对新进员工专业基础知识掌握不牢固的问题有十分深刻的体会。招聘过程中，他们发现“很多基础问题，这些员工其实回答得并不好。只能说学过了，问起来就是我忘了，很多时候就是这样一个结果——掌握不牢固”（FJ23）。进一步来看，技术骨干认为专业基础知识掌握不扎实的问题主要存在于本科生身上，“本科生基本上没有学得很扎实的。硕士生可能基础知识基本都掌握，如果工作上一年两年的话，从事这个行业就没有什么太大问题了”（XJ6）。

不过，技术骨干也指出，硕士生尽管较少存在专业基础知识不扎实的问题，技术工作完成得也很扎实，但容易出现重视专业知识学习而轻视思维训练的问题，这实际上会影响他们未来的长足发展。“你现在是做射频模拟的，工作以后可能去做数字，因为现在找工作很难找到100%对口的。硕士期间这三年的学习，你收获了什么呢？收获的就是你的思维。做事情只是改变思维方式的一种手段，要通过做事情来锻炼自己的思维。现在很多学生只是说我想去把这个东西做好，因为我们搞技术的有这种追求完美的特色，但是往往忽略了其他一些更重要的东西。”（XJ5）

硕士生还存在项目实践经历不足的问题，“硕士生有流片经验的相对来说还是比较少”（XG12）。而且企业高管认为部分技术人员对科技报国的使命缺乏明显的感知力，“国运当头的这种历史时机，我觉得需要有一定的使命感。但是现在有些员工对个人因素会强调得更多一些，对集体和国家的认知反而弱化了”（FG19）。

此外，集成电路企业还谈及能力金字塔中第一层和第三层的能力，指出集成电路人才这两层能力形成和培育过程中存在的问题。就第一层作为“人”的能力而言，集成电路企业高管和技术骨干认为部分技术新人主动学习的意识和能力欠缺，“不善于去收集资料，不善于去寻找解决问题的方案，也不善于去借鉴别人的研究成果”（FJ8），“自主学习的学生肯定有，但是整体上自主学习的意识不一定成熟，更多的还是为了完成任务”（CH3）；人际交流能力有待加强，“可能一些理工科学生，特别是男生，相对来说比较闷一点，其实我们还是希望研发人员能够多沟通多交流的”（FG12）。

就第三层作为“工程师”的能力而言，集成电路企业高管认为部分技术新人在项目过程中的全局意识不强，“对于工作完成度方面，他们的考虑可能不那么周全”（HH6）；发现和解决问题的能力欠缺，“很多人发现问题的能力不强，他找到的问题可能只是表面问题，不是根本的问题，或者说提出的解决方案解决不了根本问题”（XG2）；具体行业技术能力相对不足，“高校里面可能受制于课本因素，学生对最新的一些通信技术的了解还是比较欠缺的”（FG12）。

（二）高校集成电路人才培养存在的问题

从集成电路企业端的反馈来看，高校集成电路人才培养存在的问题突出表现在课程、教师、实践三个方面。

课程上，一是课程负担稍重，学业内容过多。集成电路企业在招聘面试时发现，研究生对本科学习的内容印象模糊，部分课程供学生自学即可，并无开设的必要。“我们觉得华科的课程负担其实是稍重的，我们前段时间做研究生面试，发现他本科学的这些东西基本上没有人会有印象。而且说实话我觉得学生好多都有这个能力，你给我一本新的课程资料，一个礼拜我就能达到需要的技术水平。如果说我学过相似的学科的话，就没有必要再重复去学了。”（HG29）

二是课程内容陈旧，跟不上企业发展步伐。多家集成电路企业认为我国高校集成电路领域的教材部分内容落后于国外和技术前沿，未实时更新，“高校的教材相对陈旧，很多已经跟不上企业的发展了”（XG2），“可能在培养计划上，我出于我自己的拙见，觉得它应该实时更新，而不是说我在（20 世纪）90 年代教什么课程，我在 21 世纪的 2021 年依然还去教授那些课程”（XJ4）。

三是职业引导课程空泛，缺少目的性。多位技术新人认为高校期间的课程学习缺少目的性，职业引导课程缺乏与行业前沿和国家战略的联系。“对一些职业上可能用到的东西的引导，我觉得是很缺失的，包括与企业或及其一线技术人员的直接接触也是比较少的”（FJ24），“学校里的职业引导课程，我觉得太宽泛了，讲的都是那种很大很空的东西”（HJ13），“现在学习的目的性更强了，在校的时候可能学了很多门课，但是不知道这个课对你来说意味着什么，只会根据它学分占比的多少来决定你付出多少努力，但是工作之后确实是需要有针对性地去学，哪块不懂就自己去学哪块，而且工作所涉及的所有内容对你来说都很重要”（XJ4）。

四是课程考核方式单一，知识导向重于能力导向。以考试为主的课程考核方式，容易导致学生学习专业基础知识时更多的是为了应对考试，而忽视知识本身的重要性及其与工作世界的联系，“要让他认识到这些专业知识的重要性，而不是拿来应付一下考试”（JJ7），“课程最终的考核方式应该是需要改变的，目前确实比较形式化，没有针对性。如果能把最终的考核与研究方向或者工作方向建立起一点联系的话，那是最好的”（XJ7）。

教师上，一是教师对学生的引导投入较少。部分教师忙于自身科研任务，忽视对学生的培养引导。“有一些老师可能会忙一些自己的科研任务，没有把重点放在教学方面，特别是对学生的引导方面。”（FJ11）

二是教师缺乏工程经验。教师长期处于教学科研一线，较少接触工程实践，容易导致工程经验不足。“老师的工程经验可能没有企业一线员工丰富，讲课的时候还是很难让学生生动地去理解。”（FG14）

三是仍有教师采用灌输式教学方式。部分教师囿于自身所学和能力专长，一味填鸭式地将知识灌输给学生，未能做到因材施教或启发式教学。“现在有些老师上课就是拿 PPT 念，然后布置几个题目，再考试就结束了，可能有些老师自己也不知道这门课到底有什么用。”（XJ9）

四是教师缺乏课程设计的整体意识。不同学科、不同课程之间的教师有时缺乏沟通，仅关注自身所教课程，从而忽视了课程设计的连贯性和学生学习的顺序性。“我觉得很多老师可能没有这样的意识，只教完自己的课就不管了，也不会跟下一门课的老师做一个沟通。各个老师、各个学科之间，需要一种连贯的课程的设计，这可能会对学生的学习更好一些。”（XJ5）。

实践上，一是实习时间较短。高校学生进入企业实习的时间一般为两周左右，而熟悉工作环节需要的时间远多于此，以至于学生进入企业后难以学到真本领，影响到实习效果。“实习两周基本上只能说勉强知道这个行业是什么样子的，哪怕是一个很小的要解决的实际问题，在这么短的时间里要想解决也是不太可能的。”（JJ19）“你真正想要去了解一个行业，甚至具体到一家公司的时候，你必须要深入进来，至少要在这公司待一个月。在这一块，我个人觉得当时我选择的生产实习，其实是做得不太够的。”（MF11）

二是实践活动有限。部分集成电路企业认为高校对学生实践能力的培养有待加强，提供的实践活动有限且老套，没有架接好与企业沟通的桥梁，没有让学生充分接触到行业前沿。“实践类的活动比较有限。大多数的生产实习和毕业实习不会接触到很前沿的东西，而是一些比较老套的、很多年都没有变的东西。”（FJ12）“作为工程硕士的话，好像更多会往工

程化的方向去发展，但是我觉得导师给的题目还是偏学术一点，或者说对工程的意义不是那么大。”（XG12）

三是制度保障欠缺。高校未建立健全推动学生实习实践的制度保障，一定程度上导致学生实习流于形式，校企协同育人的效果不佳。“我们大三开设的生产实习其实没有太好的效果”（FG29），“我们做联合培养，每年大概也有十几个人通过面试然后被录取，但是好像联合培养的这些学生都是没有保研的。”（FJ4）

此外，集成电路企业还谈到地方政府在集成电路人才培养中的作用，认为地方政府和企业互动较少，未充分发挥企业在产业合作和人才培养上的重要作用。“本地政府和我们的互动还比较少，在产业合作和人才培养方面，没有太主动地去向我们要一些资源。我也一直在和政府提这件事，我这样举例子，你们就像把爱因斯坦请到家里来了，你们和爱因斯坦说吃好喝好，然后就没有后续了。”（XG7）

第三节 加快高校集成电路人才培养的建议

集成电路产业是经济社会发展的基础性、先导性、战略性产业，是全球科技与经济竞争的战略制高点。我国集成电路产业被“卡脖子”的重要原因是缺乏集成电路技术及高质量人才。集成电路高质量人才匮乏进一步加剧了技术短缺与产业发展滞后的问题。集成电路高质量人才匮乏的根本原因在于，一方面，我国集成电路人才培养存在传统高等工程教育面临的“工程教育理科化”困境，缺乏新工科人才培养的顶层设计，更谈不上创新人才培养的理念更新与路径优化。另一方面，在传统工程教育理念与路径的影响下，集成电路人才培养目标偏离产业人才需求，人才培养过程重知识轻能力，重理论轻实践，人才培养体系进一步加剧了人才培养问题。基于此，本调查研究从顶层设计与过程培养两方面为集成电路人才培养理念创新、路径创新、人才培养体系创新提供建议。

（一）顶层设计：理念与路径创新

集成电路人才培养是一个复杂的系统工程。设计与制造一款芯片涉及多个环节，不仅需要相当大的资金与人力投入，而且需要数十位工程师长期设计和验证。相应地，高质量集成电路人才需要掌握全栈式专业知识与全链式工程技术，这也需要大量的人力、物质资源的投入。同时，高质量集成电路人才需要较长的人才培养周期。进一步来说，集成电路产业特性赋予了其人才培养的复杂性特征。因此，集成电路人才培养不能按照再走“工科教育理科化”的人才培养老路，完全依赖学校来传授知识。相反，集成电路人才培养应该走出象牙塔，以更加开放的心态去探索一条政府、高校、产业共同参与的“产学研”创新路径。

1. 政府关注重心：从宏观调控走向沟通服务

在集成电路人才培养过程中，政府需要发挥“桥梁”作用，推动产业与高校的合作。首先，政府需要出台三类政策或措施鼓励、监督与评估产业与高校的合作。一类政策或措施是将政府、高校、产业三方合作项目纳入集成电路产业政策之中，将产学研人才培养合作、技术研发合作作为区域集成电路产业发展的目标之一。二类政策或措施是将政府、高校、产业三方合作项目纳入集成电路学科建设、人才培养的政策之中，作为高校学科建设与人才培养的目标之一。三类政策或措施是设立集成电路产教融合优惠政策，鼓励支持企业与高校的合作。

其次，政府应立足区位优势，大力发展集成电路产业，为集成电路产业及其人才培养注入资金。一方面，政府可以将集成电路产业资金的一部分划拨到产教人才培养与培训领域。另一方面，政府可以划出专项资金用于集成电路人才合作培养。

最后，政府可以设立相关部门或平台为企业与高校的交流合作提供支持。例如，设立产教融合政府部门，用于管理、监督与评估集成电路产教融合项目及其成效。鼓励、支持、引导产教双方合作共建创新网络平台，为区域内企业与高校的人才培养、技术研发、社会服务等提供载体。

2. 高校职能定位：从徘徊边缘走向合作中心

当今，高校面临与区域经济社会脱节的困境，逐渐从经济社会的中心走向边缘，中国高校集成电路产业人才培养面临跟不上产业变化的窘境。基于此，高校亟须进行系列变革，重建其中心角色。

其一，高校应主动融入国家或区域创新系统，联合政府与产业构建以高校为中心的创新生态系统，将自身打造成集芯片人才培养、技术研发与社会服务为一体的场所。

其二，集成电路学科建设应打破传统学科建设路径，主动对接区域集成电路产业，构建以“对接产业、服务区域，贡献国家”为发展方向，以集成电路为核心的学科专业集群，推进集成电路＋机械、集成电路＋材料、集成电路＋计算机等“集成电路＋”学科与专业集群建设。

其三，高校人才培养不仅要重视学生作为“工科生”的能力的发展，而且还要注重学生作为“人”的基本素质、作为“工程师”的职业能力的培养与发展。一方面，高校应看到学生作为一个“人”的存在，注重培养学生的责任担当、主动学习、人际交流等能力与素养，由内而外激发学生的求知欲与学习的热情。另一方面，高校不能完全把学生当学生看待，而是当成一个能适应企业发展的“工程师”进行培养，注重培养学生团队协作能力、全局意识、发现和解决问题的能力，注重学生职业化能力的发展。

值得注意的是，关注学生第一层次与第三层次能力的发展，并不意味着抛弃学生第二层次能力的培养，而是以第二层次能力培养为核心，将第一层次与第三层次能力融入第二层次能力培养过程之中，发展好产业所需的人力资本。因此，人才培养应从“学科、专业”逻辑，走向“问题、挑战”逻辑，构建适应产业需求、分层分类的集成电路人才培养体系。

3. 产业发展路径：从单边作战走向互惠共赢

高校与区域经济产业脱钩，培养不出产业需要人才，并非某一方行为导致的结果，而是双方共同作用下的产物。进一步讲，高校与企业的合作总是面临“高校热，企业冷”的局面。这一方面在于“企业快，高校慢”，另一方面也在于企业在与高校的合作过程中看不到利益，更不清晰自身的责任与义务。

鉴于此，产业方应摒弃零和思维，走向合作共赢。一方面，产业方应树立长远目标，弘扬家国情怀，以振兴中国“芯”为己任，主动对接国家需要，将集成电路产业发展及人才培养作为自身发展的目标之一。另一方面，集成电路企业应秉持合作共赢理念，加强与行业企业、高校的合作，将企业项目转化为“问题与挑战”，投入以高校为中心的创新生态系统中，推动企业、高校、学生、教师等利益相关者合作，共同解决问题，推动集成电路产业发展。

（二）过程培养：人才培养体系创新

人才培养需要回答三个问题：为谁培养人、培养什么样的人与怎样培养人。“为谁培养人”指定了人才培养方向，“培养什么样的人”确定了人才培养目标，“怎么培养人”明确了人才培养方式。高校在集成电路人才培养过程中，首先应回答好“为谁培养人”“培养什么样的人”与“怎样培养人”这三个终极问题。下面将结合集成电路产业需求能力金字塔，回答以上三个问题。

1. 目标：培养具有复合能力的高素质创新人才

“为谁培养集成电路人才”指明了集成电路人才培养的方向。本研究从产业视角出发，明确了集成电路领域主要为产业培养人才的方向。“培养什么样的集成电路人才”明确了人才培养的目标。集成电路产业急需高质量人才，而高质量人才需要掌握全栈式专业知识与全链式工程技术。从技术链的视角看，集成电路人才培养目标定位应以技术链为依托，培养具有技术创新、技术开发、技术应用、技术服务和技能操作能力的全链式技术人才。当前，我国集成电路产业技术创新与开发严重不足，急需创新开发型技术人才。从工程链的视角看，我国集成电路人才培养目标定位应以工程链为依托，培养具有研究、开发、设计、制造、运行、营销、管理和咨询能力的全链式工程人才。当前，我国集成电路产业急需具有复合能力的工程人才。从职务链的视角看，我国集成电路人才急需高级工程师、工程师类人才。综上，将集成电路人才培养目标定位为培养具有复合能力的高素质创新人才。具有复合能力的高素质创新人才具有三个层次的能力：作为“人”的基本素质，作为工科生的专业知识、专业能力与精神，作为工程师的职场能力。虽然每个专业所培养的人才应具备的能力是多方位的、网络状的，但必定有一项处于核心地位，这就是运用专业知识和技术手段解决实际问题的能力。

2. 过程：打造纵横一体化人才培养体系

其一，在人才培养的纵切面上，探索实施“本硕”或“本硕博”贯通式培养机制。根据能力需求，构建本科（重在基础知识）—硕士（重在项目实践经历）—博士（重在解决问题）能力培养框架。在本科阶段，以基础知识教学为主，实习实践为辅。一是进一步扩大专业规模，合理减轻课程负担，更新优化专业课程，探索建立跨学科课程；二是加深学生对课堂教学知识的理解，增设第二、三课堂，为学生提供职业规划，帮助学生了解产业发展动态，强化学生问题解决思维的训练；三是改变课程考核方式，加强课程考核与学生未来工作实践的联系。在硕士阶段，以问题解决思维训练为主，以专业知识学习为辅。硕士阶段不再完全依赖学科专业课程教学，而是以项目为牵引，将学生放到真实的项目情境中，增加学生的项目实践经验（尤其是流片经验），有序延长实习实训时间，丰富实践活动类型，建立健全实习实训制度，从而不断提升学生利用专业知识解决现实问题的能力。在博士阶段，学生完全脱离校园、课堂，将研究场景转变为企业、工厂或真实情境的实验室，围绕集成电路技术难题，培养博士生项目开发、技术创新的能力。在此过程中，还要重视发挥教师的作用，引导教师重视教学，改进教学方式，强化课程设计，鼓励教师深入工程实践一线，更好进行人才培养。

其二，在人才培养的横切面上，围绕能力金字塔构建以“第二层能力培养为核心，第一、三层能力培养为辅助”的理论与实践教学体系。第一层能力的培养关键在于使学生养成基本的素养。例如，通过项目制培养学生的主动学习意识与能力，激发学生内在的积极性与热情。第二层能力的培养关键在于通过学校教育提升学生的专业知识、专业技能与钻研精神。第三层能力的培养不仅要拓宽学生行业认知的渠道，而且应该将学生置于真实的情境中，培养学生的全局意识。具体来看，理论教学方面，应构建以核心课程为中心的核层式（核心课程、一般课程和拓展课程三位一体）课程结构体系，即每门核心课程要以培养何种能力为导向重组、优化教学内容，强化“能力项—知识点”体系。实践教学主要建立在理论教学的基础上，在每学期课程教学过程中或课程结束时进行。实践教学应包括基础实验教学、工程基础训练、综合运用实践。基础实验教学主要包括外语应用能力训练、计算机应用能力训练、金工实习和相关的课程实验等。工程基础训练主要包括工程基础认知训练和工程基础技能训练。综合运用实践主要是综合性探究项目，项目应当遵循“基于问题”“面向实际”和“强调合作”的原则开展。除基础实验教学外，其他两种实践教学应在集成电路企业或者校企共同搭建的实验实训平台进行。

其三，构建政、校、企三方共同参与的人才培养保障体系。政府、高校、企业需要共同把好人才培养的入口关、过程关、出口关。首先，集成电路人才招生应采用开源式招生。集成电路人才培养的对象应不限于本校、本学科专业的学生，还应该面向学校内其他学科、专业的优秀学生，或者其他兄弟高校的优秀学生，甚至还可以面向集成电路企业的优秀员工，或具有集成电路相关技能的其他产业人员。这就需要政府、高校、企业共同把好集成电路人才培养的入口关，不拘一格降人才，同心协力为集成电路产业挑选优秀的苗子。其次，人才培养的关键在过程，政府、高校与企业应共同构建集成电路人才培养过程性评价体系。例如，由政府、高校与企业共同组成理事会、教学指导委员会，对课程、教学、教师等进行过程性评价与监督。最后，政府、高校、企业应该把好出口关，将学有所成、学有所能的学生放在合适的工作岗位，同时帮助学生进行职场转变，并为学生提供良好的发展前景，让学生有一个看得见的未来。

— 参考文献 —

[1] 人力资本理论六十年：影响与反思 [J]. 北京大学教育评论，2020，18（1）：1.

[2] 西奥多·威廉·舒尔茨．教育的经济价值 [C] //张人杰．国外教育社会学基本文选．上海：华东师范大学出版社，1989：316-322，315.

[3] 丁小浩，黄依梵．人力资本对经济增长的贡献：理论与方法 [J]. 北京大学教育评论，2020（1）：27-41，189.

[4] Romer P M. Endogenous technological change [J]. Journal of political economy，1990，98（2）：71-102.

[5] 赖德胜．教育、劳动力市场与收入分配 [J]. 经济研究，1998（5）：43-50.

[6] 于宗光，黄伟．中国集成电路设计产业的发展趋势 [J]. 半导体技术，2014（10）：721-727.

[7] 雷鑑铭，邹雪城，邹志革．集成电路产业创新型卓越工程师培养模式的构建——以武汉国际微电子学院集成电路卓越工程师培养为例 [J]. 吉首大学学报（社会科学版），2019（S1）：291-293.

[8] Leslie C. Engineering competency model [C]. ASEE annual conference and exposition conference proceedings，2016：4.

[9] 徐艳茹，刘继安，解壁伟，等．科教融合培养关键核心技术人才的理路与机制——OOICCI 芯片人才培养方案解析 [J]. 高等工程教育研究，2023（1）：20-26，43.

[10] 高浩其，徐挺，李维维．“知行合一、双核协同”，现代工程师培养模式的探索 [J]. 高等工程教育研究，2007（4）：18-21.

访谈记录

同心担使命，赋能『芯』未来

『导　言』

为助力人才培养和学科发展，强化青年学生的时代责任感和历史使命感，2019年7月至9月，华中科技大学光学与电子信息学院开展了“光电‘芯’青年，建功新时代”主题社会实践，组织了40余名师生分赴深圳、珠海、上海、福州、武汉等地，以近三十年毕业于光学与电子信息学院并从事芯片相关职业的青年校友为调研对象，选取其中具有代表性和典型性的人物开展了系列访谈。

本次社会实践，聚焦“芯”技术，着眼“芯”青年。通过对优秀青年校友的调研走访和深度访谈，最终形成了调研报告、纪录片及案例集等成果，并在此基础上，反哺高校人才培养，对高校回答“培养什么人、怎样培养人以及为谁培养人”提供理论和实践支撑，同时也有利于当代在校大学生明确历史使命、勇担时代责任。

本次实践目的有以下几点：追踪青年校友发展历程，为高校人才培养和政府进一步贯彻落实科教兴国、人才强国战略建言献策；培养青年学生的奋斗精神和创新精神，激励当代青年勇立时代潮头，勇担历史责任与使命；挖掘探访“芯”青年事迹，总结整理相关案例，分析提炼其内在因素，构建职业胜任力模型，为职场胜任力、大学生职业素养等理论层面的研究提供支持。

实践团队通过前期查阅资料发现，大学芯片专业技术人才供给严重不足，与产业需求之间存在巨大缺口。为了响应科教兴国、人才强国号召，华中科技大学“光电‘芯’青年，建功新时代”主题社会实践项目启动，寻访华中科技大学光学与电子信息学院从事芯片相关职业的优秀青年校友。实践团队通过访谈调研，结合不同校友的实际情况，总结出了他们获得成功的一般性规律，并梳理出校友们在个人素质提升、人才培养、知识体系完善等方面的宝贵经验，向高校相关专业和广大学生提出切实可行的建议，以培养更多国家需要的科技人才，为中国“芯”的发展与“芯”青年的培养添砖加瓦、贡献力量。

本次调研主要内容如下：

（1）采访从事半导体芯片行业的优秀青年校友，了解其对中国半导体行业发展现状、前景和对人才、资金、政策等方面需求的看法，以及其成功经历、优秀事迹、科研成果等。

（2）向半导体企业和高校相关专业大学生发放调查问卷，同时参观企业及工厂，了解企业对半导体芯片人才的培养计划。

（3）联系相关政府部门，了解当地对半导体行业人才的帮扶政策；走入高校及研究所，深入了解各高校对于半导体人才的培养模式。

（4）对访谈优秀青年校友后得到的数据进行分析，探寻其成功路径及经验启示。结合不同校友的实际情况总结出更具一般性的规律，拟定半导体行业优秀人才的最佳培养方案。

本次社会实践从2019年6月10日正式开始，经过近一个月的前期筹备，7月中旬至8月上旬，实践团队分为2～3支小分队，前往联络好的企业、创业公司、高校和研究所、政府相关部门等单位实地调研，对已毕业的光电青年进行访谈；8月中旬至9月中旬，进行后期总结工作，包括整理资料和数据、建立数学分析模型、撰写调研分析报告和完成相关宣传工作等。整体的进度安排有效保障了调研的深入性和实践的有效性。

本次社会实践是在华中科技大学教务处、校团委的支持下，在光学与电子信息学院党委副书记李玲老师的指导下，由光学与电子信息学院学生自发组织，并联合经济学院及公共管理学院、马克思主义学院的骨干成员，由学工组辅导员老师带队，组成“10＋2”（10名学生＋2名带队辅导员）团队推进。团队成员搭配合理，专业方面优势互补。同时，团队成员均已在不同的学生组织中有所锻炼、各有所长，在宣传、采访、实践调研、文案制作、问卷制作、行程规划、外联等各个方面具有丰富经验。

黄沛：对芯片产业的坚守与创新

黄沛，华中科技大学固电半导体 1980 级校友，元鹏资本董事长，华中科技大学半导体校友会会长，半导体行业专家与资深投资人。

『感怀母校，坚守初心——做能吃苦、敢拼搏的探索者』

1980 年，黄沛考入华中科技大学。回忆在华中大的校园生活，他印象最深刻的还是武汉冬季与夏季的“冰火两重天”。对气候的不适应，加上那个年代基础生活设施的缺乏，黄沛的生活条件十分艰苦。本科毕业后，他被分配到江苏南通的通富微电公司就职。1987 年，他再次回到母校就读研究生，师从原固电系系主任王敬义教授。硕士毕业后，黄沛来到深圳，成为最早前往深圳的拼搏者之一，从那时到现在已是三十年左右。

谈及创业初期，黄沛深感不易：“我们这一代人在那个年代做过很多事情，但我还是一直坚持做自己专业的东西。但是这个行业有太多的艰辛，不是一两句话能够讲清楚的。那个时候，中国的芯片产业或者说半导体产业是看不到尽头的，所以会觉得非常艰难。"在那个年代，互联网没有发展起来，手机只是一个通话工具。哪怕放眼国际，半导体行业巨头都尚未有大的建树。而在黄沛看来，时代成就英雄，那个年代不为人知的艰辛背后，也潜藏着巨大的机遇。

『仰望星空，脚踏实地——做有抱负、有情怀的工作者』

国际形势的变化，促进了芯片产业的全民科普。黄沛提到，他现在去任何一个地方，基本都要解答关于中国集成电路的问题。"但这其实更加凸显了我们身上的责任。虽然这几十年来，国家投入大量的人力物力促进芯片产业发展。但是实际上在这个行业我们落后于发达国家大概八到十年。"因此，黄沛认为从事芯片产业要有抱负和情怀，要通过扎实的努力去改变现状，虽然目前国内外差距较大，但是我国正在慢慢进步。

黄沛表示国家非常需要芯片产业人才，"投身芯片产业是一个有情怀的事情，因为中国现在最缺的就是芯片设计人才，我们愿意和大家一起成长。我觉得看到年轻人创业，也是一个很有趣的事情"。

『筚路蓝缕，薪火相传——做后继者的引路人』

当谈及芯片产业的成功经验以及中间的曲折经历时，黄沛说："这十年间，我觉得从我的成长经历来看，你们也可以看到中国半导体发展的历史。"自身曲折的创业经历，让黄沛意识到了人才在行业发展中的重要性。"芯片设计，培训是非常重要的。在从业者的心中播下种子，这颗种子将在工作实践和创业探索中开花结果。"对行业和自身事业发展的总结，也让黄沛意识到国家在其中发挥的作用，国家在芯片技术发展方面的投资和政策支持至关重要。

提到充实行业人才，黄沛表现出对华中大学子素质的信任。在他看来，华中大学子普遍具有实干的工作作风，这是他特别欣赏的。黄沛现在也承担一些行业的社会工作，目前担任华中大半导体校友会会长。他说：“虽然年纪大了，但是我现在特别愿意干的事情就是去帮年轻人创业！”黄沛每天都会接待许多待投资的人，以自己多年的创业经验，帮助他们解决很多问题，告诉他们什么是实现不了的，哪条路是走不通的，俨如一位慈爱的老师。

『深深期盼，殷殷嘱托——培养科学思维，打好专业基础』

黄沛认为在目前的社会环境下，芯片专业是一个很好的选择，但是作为一个专业进行学习和作为一个事业为之奋斗是存在区别的。谈及集成电路制造的数字和模拟技术时，他指出：“中国在数字电路方面的基本水平还不错，但是我们模拟电路设计工程师太少了。模拟电路就像和尚敲钟一样，我总是讲这个话，没有十年以上工作经验很难成为一个非常成功的模拟工程师。”可见，毕业后从事相关工作，对于同学们来说，是具有挑战性的。而要为未来的挑战做好准备，就要从现在开始，培养这个领域的思维方法。他指出，科学的思维方法要从小培养。

除了思维方法，黄沛认为新一代大学生在知识的价值观方面也要作出改变。要尊重知识，尊重差异，明确国际合作的重要性。黄沛尤其重视知识产权的保护，认为这是必须解决的问题。落脚到根本，黄沛强调韧性的重要性，他希望大家扎扎实实学习专业课程知识，以后为国家芯片技术发展贡献一分力量。

刘恒生：专注于高端模拟芯片的"追梦者"

刘恒生，华中科技大学固体电子系 1985 级校友，中科院等离子体所硕士研究生，曾在中科大同步辐射实验室担任物理老师，1998 年前往美国留学研究集成电路方向，博士毕业以后进入美国 TI 公司负责模拟方向工作。工作近三十年后，他毅然选择回国创业，创立格威半导体公司，专攻工业和汽车电子方面的芯片技术。

『成长经历：敢想敢闯，不忘初心』

1985 年，刘恒生进入华中科技大学固体电子系学习。在那个年代，半导体行业并不景气，国内公司跟国外公司相比，几乎没有任何优势。在物理领域钻研几年后，心系半导体的刘恒生最终还是选择遵从内心的想法。因此，他辞去了在中科大的工作，前往国外深造。博士毕业后，刘恒生进入美国 TI 公司工作多年，主要负责模拟芯片的设计。通过这份工作，他了解到芯片设计行业的最新动态，也意识到国内外IC设计行业的差异。工作上的所见所思催生了他创业的想法，格威半导体的创立意味着他的梦想已正式启航。格威半导体公司专攻工业和汽车电子级别的模拟芯片，专攻方向的选择印证了刘恒生的做事风格——敢想敢闯：“做工业和汽车电子级别的芯片，道路会更长一些，技术门槛更高一些，但我们做自己擅长的事，我们有信心去闯出一条属于自己的商业路线。”

『处事心得：尽善尽美，百折不挠』

在国外的长期工作中，刘恒生对行业形成了深刻的理解，数年的研究经历也为他的创业指明了方向。关于目前国内汽车电子级的芯片与国外的差距，刘恒生认为瓶颈主要在于人才。集成电路行业人才的巨大缺口对国内的半导体产业发展有不小的影响。除了人才，刘恒生还指出国内外做事风格的差异也是瓶颈之一。“美国的好公司做事都比较认真，至少工程师们不至于那么功利。他们的成就感来源就是把事情做到最好。而国内小公司迫于生存压力，需要尽快盈利，便很难做到尽善尽美。”

刘恒生虽知国内瓶颈所在，但仍然充满信心和希望。基于多年以来在模拟芯片设计方面的经验积累，他希望与志同道合的同事们一道走出属于格威半导体自己的路。谈及国内目前模拟方面人才的巨大缺口，刘恒生形象地把模拟方面的人才比作“老中医”，其需要长期磨炼。而此刻的他，就正如一位“老中医”，在模拟方面做着技术积累。

创业这条路十分艰辛，但人生就是如此，有追求才会有乐趣。在普遍认知里，创业者大多是年轻人，但刘恒生并不这样认为。“对于半导体行业而言，重要的是知识和经验的积累。”他谈到自己所知的很多硅谷的资深工程师，他们尽管不再年轻，但仍然会选择创业。他们是在技术积累到一定程度后选择创业，迎接新的开始的。谈及创业的艰辛时，刘恒生表达了他的态度：“其实说艰辛，在哪里又不是呢？我们生活在一个好的时代，艰辛又何足挂齿？更何况做自己喜欢的事，也未必有那么艰辛，做事要感到乐趣才会有意义。”

『殷殷嘱托：千里之行，始于足下』

在交谈中，刘恒生多次提到一定要基础扎实。“基础知识很重要，资历越深的工程师，基础知识越扎实。”对于想进入 IC 设计领域的本科生，他建议前一两年认真吸收知识，之后可以选定一些方向。在课程方面，要注重模电、数电的基本电路原理，也要学好与信号相关的课程。刘恒生有过几年物理理论的研究经历，他分享了自己的亲身感受：“集成电路研究，需要一些物理知识作为支撑。”读万卷书，行万里路。在基础知识之外，刘恒生也很鼓励同学们开展一些项目实践，在项目中去寻找学习的方向，选择更多专业化的课程，如数字信号处理、通信原理等。

不积跬步，无以至千里。刘恒生始终认为学无止境，要想深耕某一领域，就要经受长期磨炼。对于学生的未来选择，刘恒生表达了他的看法：“在半导体行业，刚毕业就选择创业不太现实，因为集成电路需要非常多的经验和机会，建议先进入一个公司锻炼。”对于研究生，刘恒生认为，如果有机会去国外深造或者进入国外一流公司积累经验，那是一个不错的选择，但刘恒生也鼓励他们留在国内。而在公司的选择上，刘恒生也结合具体情况表达了他的建议：“大公司有足够大的资源平台，学习起来更系统，也相对稳定一些。但并不意味着只能选择大公司，我自己就在大公司，而且是非常好的大公司待过，我觉得要把一份工作当成事业来干，选择创业团队会更好一些。在创业公司学得更多、更扎实，成长更快。大公司就像一个大兵团作战，不在乎个人，所以发挥能力的空间比较有限，只能充当螺丝钉的角色。但在创业公司，个人有机会独立解决很多问题，从而提升能力。”在交谈中，刘恒生也提到个人兴趣和特长的重要性，不论是专业选择，还是以后的工作选择，这二者都在其中扮演着重要角色。

在交谈的最后，刘恒生再次表达了对高端模拟芯片事业坚定的信念，他坚信只要有更多的人参与进来，再难的事也会慢慢成功，再远的梦想也终将实现。

吴海宁：学做工程商人，投资产业未来

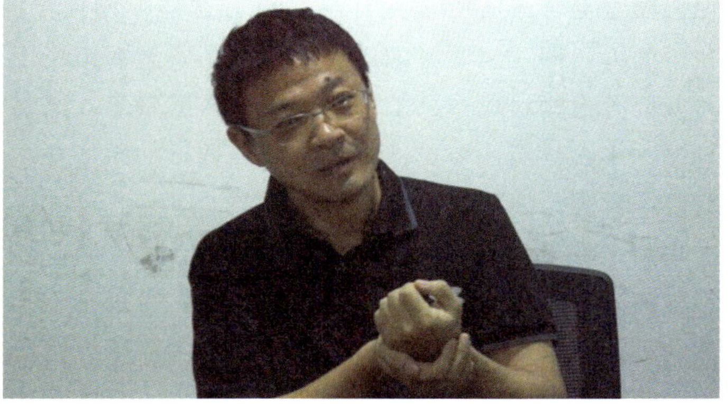

吴海宁，华中科技大学光电工程系 1990 级校友，微纳点石创新空间联合创始人、微纳点石天使基金合伙人。

『谈从业和创业经历——脚踏实地，筚路蓝缕』

吴海宁 1990 年入学华中科技大学光电工程系。本科毕业后，他继续在校攻读硕士学位。1997 年硕士毕业后，吴海宁进入华为工作。虽然毕业于光电工程系，但最初他主要从事电学相关的研发工作，例如处理电信号、用 FPGA 做电路设计等，“这些都是学校里没接触过的，要从头开始学”。五年后，吴海宁被调到系统部做系统工程师，从研发一个面板到成为整个系统的负责人。时间又过去五年，吴海宁转任产品管理岗位，开始和市场打交道，从一个更高的维度去思考产品设计。“这是大公司的一种成长模式。优点是比较稳定，缺点是一开始你只能学到一小块，成长比较

缓慢，要经历较长的周期你才能看到全局。"

对吴海宁来说，在华为的经历对他最大的影响可以用一个词表述——工程商人。"工程商人"四个字，首先在于工程，即要把专业知识转化为产品。工程问题是毕业生从学生时代走向企业工作时面临的一个巨大障碍，他们要学会考虑实际应用环境，只有这样才能使产品真正进入市场。其次在于商人，即一定要考虑产品的成本。要想在市场上销售的产品有竞争力，就要考虑物料成本、工资、税收、渠道费等，产品的成本最多只能是售价的一半，甚至还要更低。吴海宁强调，如果毕业生选择创业，成本意识就要非常强，要用商人思维考虑问题。

在华为工作十九年后，吴海宁于2014年开始创业，其初衷就是把华为"工程商人"的经验传授给所投资的企业，帮助他们成长，让这些从学校出来的创业者少走弯路。"创业的困难很多，压力也很大。以前你只用做个螺丝钉，接触的人也局限在一个小圈子里，但你现在要养团队，要和各种各样的人打交道。所以说，创业最辛苦的其实是老板，你拿最大的利益，你就要承担最大的责任，责任和利益都是相对应的。"

『谈行业发展和创业氛围——产学融合，创业路远』

近年来，因为"中兴事件""华为事件"，中国的集成电路行业广受关注，但是与其他发达国家相比，无论是技术水平还是人才积累，我国集成电路行业都存在很大差距。关于这一问题，吴海宁认为，其关键是学界和业界没有衔接起来。"很多学生学到最后，可能连集成电路的整个工艺流程都不了解，不知道芯片是怎么做出来的。"

而就创业氛围而言，吴海宁表示，在全国范围内，深圳的氛围是最适合创业的，"每天有无数家公司兴起，一年可能有上万家注册公司"。他认为，一家创业公司能否成功，主要还是看公司里的人爱不爱学习、有没有耐力。"创业其实是很考验耐心的，一家创业公司，没有五六年时间，你基本上看不到希望。所以有没有耐力跑到那个时候就是最大的考验，大部分人可能坚持了一年就受不了了，公司就倒闭了。"

『谈对后辈的建议——多做课题，吃苦奋斗』

对于在校大学生，吴海宁建议积极参与课题研究，特别是横向课题，尽早接触“工程商人”的概念。“在做课题的过程中，你会考虑科研经费、时间进度等，从而得到锻炼。而且你可能会提前学习 FPGA、EDA 等设计工具，甚至使用一些企业内部才使用的工具，以后进公司上手也会更快，节省了企业的培训成本。”

此外，由于创业要求高、困难多，吴海宁不太建议本科生创业。他认为，大多数学生在本科阶段从来都没有接触过工程项目，经验非常不足。“你需要做过一些课题和横向设计，自己有一定经验，对‘工程商人’有一点概念，否则创业失败的概率是很高的。”在他看来，本科生创业的另一大问题是没有资本。相比而言，博士生创业就有很大优势，因为“博士生做的课题可能是一个课题组十几年的积累，可能国家投了几千万元，企业在横向课题里又投了几千万元，实际上这个东西已经值几千万元了，只要能把它产业化，就是一个巨大的商业成功。”

而对于本科生的就业选择，吴海宁认为没有必要一定进大企业，其实也可以选择加入创业公司。对于现在一些年轻人“想要找钱多事少离家近的工作”的就业观，他的忠告是，一开始就得抛弃这个幻想。“在深圳，几乎所有公司都加班，星期六基本都要上班。”吴海宁回忆，以前在华为的时候，他几乎每天都是早上七点离家，晚上九点回家。他感慨道：“成功的企业都是苦出来的，没有容易的幸福，也没有容易的财富。”

李强：不断调整方向，始终追求卓越

李强，华中科技大学固体电子系 1991 级校友。本科毕业后，选择留校攻读硕士，之后前往上海贝尔设计部工作。2006 年，他来到华虹集成电路，2008 年入职芯成半导体，2009 年随公司拆分加入聚辰半导体，目前在聚辰半导体担任资深副总经理。

『探索定位，挑战人生』

1991 年，李强进入了华中科技大学，本科与硕士均就读于微电子学专业，毕业后他来到了上海贝尔。那时候 IC 设计行业尚未发展成熟，但通信行业很是热门。工作了四五年后，贝尔变成了外资企业，需要裁员，李强选择自愿离职，尝试创业。从那个时候开始，他慢慢地从做设计转向做市场。短暂的创业经历之后，他加入了上海华虹集成电路，即现在的华虹集团。工作两年后，他入职芯成半导体，也就是现在的聚辰半导体——

一家在美国纳斯达克上市的公司，这是他整个职业中停留最久的一家公司。

提及转型做市场销售的原因，李强表示，市场更考验一个人的综合能力：一方面要思考公司新产品的方向，另一方面还需要制定市场策略。在他看来，适合做市场的人有两类。第一类要有技术背景。比如他自己，就是从原来做设计转为做市场，在转变期间他不断思考自己未来的职业发展。当时做市场更多参与的是产品研发，有技术背景的人往往更有优势，因为这样才能理解客户的需求，并将需求转换为产品的定义或功能。第二类是管理类专业的学生，他们虽然没有技术背景，但能分析市场形势，也是企业急需的人才。

李强对自己的职业一直都有清晰的定位和判断，他深谙如果转到市场之后还想回去做设计，将会很难跟上节奏。但他认为，做设计无法发挥自己的最大特长，他还是喜欢和客户有交流的机会。他强调，主动性很重要。目前在 IC 设计公司，一些不是纯粹做技术的职位，比如系统工程师，本来也要接触客户，当有的人想走到台前，或者他觉得这个工作更有挑战时，他就会选择转做市场。

谈起自己的工作经历，李强觉得自己是幸运的。现在所谓的“创业成功”，在他看来也有两类：一类是通过市场把产品卖出去，另一类是公司做到一定的规模。“也许你只是创业的一员，但是你的收益可能比你原来通过市场取得的回报还大。”李强到上海多年，中间虽然出现过一些波折。但他恰好碰上产业兴起的时机，这么多年一直跟随产业实现自身事业的发展。

『行业差距，仍待追赶』

李强谈到，从事电子行业的人中也有做软件的和做业务的，“这些行业的年轻人一旦冲出来，上手特别快，前人的经验可能几年就被赶上了。但是做硬件相对好一点，因为硬件需要经验的积累，尤其是特别模拟。”他个人感觉周围缺少将技术走到底的风气，大部分人总抱有“管理岗位高于技术岗位”的观念。

他建议，国内的机制应该是推动技术走到底，让技术人员得到尊重。“技术人员也有一条职业发展的路线，这条路线甚至可以走到比较高端的位置。国内现在也在发生这一变化。其实你把手头事情干好，越来越资深，对公司是非常有利的。比如现在半导体集成电路十分热门，让相关技术人员受到尊重，就是不要让他觉得工作了二十年，如果不走上管理岗位，薪资待遇就比别人差。”他认为国内会越来越好，因为会有一条薪资待遇同步往上提升的路线。

国内 IC 行业经过多年的发展，比李强刚毕业时已经好上许多。目前 IC 半导体得到越来越多的关注。对于 IC 行业，李强介绍道，IC 如果是按功能来分类，有存储半导体的存储 IC、逻辑 IC、模拟 IC，还有主控 MCU。类似长江存储等企业在攻克存储类的技术，比如 NAND 和 DDR 内存条的颗粒。而三星、海力士等则瓜分了全球的内存市场，最好的技术掌握在这几家巨头的手里。“其实从这个方面讲，我们跟国外差距很大，因为这里面有太多的专利壁垒，你落后了十年，你肯定要追二十年。不是说追十年就能追上来的。”

『感恩母校，不悔选择』

李强十分感谢母校的栽培，华中大低调务实的学风，让华中大学子也普遍拥有务实的作风，而这一特质在上海、北京都十分受欢迎。

他提到，刚走出学校时，特别是刚到上海这种城市，上海本地高校确实更有优势。他在工作的过程中，感受到差距，就会有意识去追赶。他进一步强调视野的重要性，认为学生还是需要社会的磨炼。

回忆过往经历，李强谈到自己当初从技术转向市场，事实上没人领路，也无人可以咨询。“那时候也在思考自己适合做的事情，写的简历上看上去什么都干过，但也带来了一个弊病：别人不好定位你的岗位。你是来做工程师还是来做项目管理呢？”那个时候，他所接触的一些企业正好有市场相关的岗位，几番斟酌后，他选择脱离舒适区、挑战自我。回顾自己的转型经历，他认为最主要的是中间有过创业的插曲，让自己能有更多的思考。“如果没有创业，我可能还是一个项目管理员，或者是一个产品设计师。从我个人的性格来讲，我做这些也是可以的，我觉得自己可以做下去，但可能接触的人会相对少一点。所以有时候还是回到那句话，创业是有得失的。我不能说我现在的选择特别对，但是我至少不后悔。我觉得从技术到市场，从我整个履历来讲，是比较适合自己的。”曾经的种种历程给李强带来的是宝贵的人生体验，他不断审视自我、调整自身，选择最适合的方向，一步步迈向成功。

陈静炜：突破自我封闭的界限，做人工智能领军人

陈静炜，华中科技大学1992级硕士生，华为海思Kirin人工智能基础算法研究与开发负责人。

『从就业中感受人生——勇敢无畏，抓住机会砥砺前行』

陈静炜细致地讲述了他从华中科技大学硕士毕业后进入企业的这二十多年的就业经历，他的思想也在这一过程中不断改变与提升。硕士毕业后，陈静炜首先进入上海贝尔工作，他感受到自己虽然各方面工作都有接触，但都未能深入而精通——这是职场的大忌。所以，他下定决心转变。机缘巧合下，陈静炜进入另一家全球领先的电视芯片公司，从事电视芯片的研发工作，并做了七年之久，在图像处理方面打下了良好的基础。

2014年，陈静炜进入华为，目前负责AI的基础算法研究工作。回望往昔，陈静炜感觉到，由于最初的选择偏保守，加之当时整体的氛围不够

开放，自己错失了很多机会。现在回想起来，一个人更应该敢于去闯荡，失败无所谓。就算失败了，人生体验仍然是很宝贵、很重要的。

这就如华为的企业价值观：以奋斗者为本。在这进阶向上的过程中，从进入企业时的犹豫不决到现在的坚定不移，陈静炜实现了自身的突破，通过不断奋斗实现了更好的发展。已成为负责人的陈静炜，现在更有一份责任与担当，能用开阔的眼界去看待世界、看待未来，用实际的行动去改变现在，推动公司 AI 技术发展。

『从工作中提出期待——不惧失败，注重基础不断发展』

陈静炜发现从华中科技大学出来的人，在技术方面都是一流的，工作也非常踏实，但是在一些 AI 高级别学术会议上，却鲜见华中大人的身影。他认为这个问题根本在于我们在创新领域的不足。“以前我们总是在模仿，其他国家在什么领域发展，我们也就随之而行。但如今我们在技术领域逐渐地走到了世界前列，就更加需要创新了。”华为希望与高校实现合作，作为负责人的陈静炜因此经常参加国际学术会议。在基础研究方面，他对华中科技大学提出了自己的建议与期待。

在谈到学生如何实现自身更好发展的时候，他提到自己在面试学生时发现的一些问题：很多同学做过相关的科研工作，但是缺乏有效的总结，无法清晰准确地表达技术思想。他认为，一个学生要将自己的研究讲得清楚明白，才能具有竞争力；同时基础要足够牢固，这样才会更快地发现问题、解决问题。此外，在工作中，数学能力也十分重要，它可以帮助研究者在将来的竞争中处于领先地位。此外，陈静炜鼓励大家努力在期刊上发表学术论文，特别是国际上最高级别的学术期刊，因为这意味着行业最高的认可。同时，通过这种学术交流，学生可以了解其他人在做什么，从而融入大的生态圈中，不局限于自己做的事情。如果选择封闭自己，不与外界交流，得到的将仅仅是局部最优解，其和真正的最优解必定存在差距。

陈静炜从这两个层面出发，认为“我们要正视一个事实，华中科技大学作为内陆院校，相对沿海高校而言，信息面和机会相对不占优势。正因为如此，华中科技大学更应该鼓励学生通过学术交流走出去。从过去的工作来看，华中大的学生与清华等学校的学生的差距没有很大，这种差距其实更多来自视野的差异。我希望有一天能在国际学术会议上看到更多华中大学子的身影。突破自己封闭的界限，与国内外学术界、企业界连接起来，这样才能加快华中大的发展”。

『从思考中总结经验——提升自我，不断坚持勇往直前』

在此次交谈中，陈静炜还提到十分遗憾当初放弃了读博，他建议同学们继续深造。当然读博不是盲目地争取一个文凭，更重要的是明确自己研究的内容，去寻找一个适合的方向，然后再深入地往下学。然而，选择都有成败得失，这不是关键。关键在于持之以恒，技术的持续积累就是资本。此外，要明白自己的主业是什么，因为一个人不可能熟练掌握所有领域。

最后，陈静炜相信同学们只要找到一个方面，并且坚持下去，就一定能成为这一领域的专家。

成志飞：笃定信念，做好新业态下的芯片代销

成志飞，华中科技大学固体电子系 1992 级校友，品佳集团英飞凌产品高级市场总监。

『望芯片代销前景——风险始终存在，路上雨过天晴』

成志飞谈到，芯片代销行业的关注度相比芯片制造、设计行业较低，但仍是半导体行业不容忽视的部分。目前，国内众多做电子的小厂在产品制造过程中可能会用到一些比较重要、需要进口的芯片。如果直接向大型芯片制造商订购，不免由于需求量太小遭到拒绝。芯片代销公司则准确地抓住这种供求矛盾关系，了解国内生产者的芯片需求，统一向大型公司订购，并通过自身的财务政策，给客户提供产品、技术及现金流服务。

远观销售前景，成志飞认为芯片代销仍是大有可为。“我们也一直在探索新业态下未来的发展，前端后端都有涉及。”公司里有类似“一条龙”的服务，从需求入手，为客户提供从产品设计、测试到物流等方面的服务。这样做虽然比仅仅做代销要增加很多技术成分，但实际营销利润也大大提升。成志飞目前还参与了公司现代物流仓储建设，可以实现芯片从仓库到客户手中的全程追溯，从而把风险降到最低，且大幅提升客户的体验感。

『忆个人成长经历——虽说筚路蓝缕，终究以启山林』

在校期间，成志飞算是“学霸”，“当时大家学习的气氛比较浓厚，每天晚上将近十点大家才陆陆续续地从自习室出来”。这种乐学的氛围为他以后的发展打下了重要的基础。毕业后，成志飞通过另一名校友介绍进入了如今的芯片行业。品佳集团是台资企业，“它最大的优势在于生产更为灵活”。但事实上，这对成志飞也意味着一种挑战。

台资企业面向的客户既有国内厂商，也有国外元器件制造商，这就要求职员有极强的适应能力。成志飞表示，多数情况下，与外方交流时要考虑语言习惯与文化差异。面对每天纷繁复杂的工作，成志飞电脑上粘贴着许多小便签，认认真真地记录了日程安排与重要信息，这些便是他日常工作的缩影。

作为芯片销售行业从业者，工作中“销售”的这一属性就凸现了出来。在交谈中，成志飞时不时地留意每一位采访者，进行眼神交流，并一直维持着活泼轻松的对话氛围。他具有一种性格上的魅力，这既来自他对职业的热情，更来自他对自己的严格要求。

“作为销售者，要有一种适应人与人沟通的能力。其次就是要保持脑子灵活，我在工作中也经常在学习。”他表示，在日常工作中会面临一些问题，其中很多都是问问别人、查查资料就可以解决的。然而，若没有这种学习的态度，问题就依旧还是问题，既不能体现出自身价值，也无法使自己得到进步。

『谈学生素养发展——去追寻属于你的黄金时代』

成志飞将自己的大学时代定义为“黄金时代”，并对当代大学生反映的一些问题提供了自己的看法。

“学好本科阶段基础课，这是很重要的”。对于本科生，评价标准主要是在校学习成绩，而在校实践经历一般作为辅助参考。对于一般同学来说，要注意不要犯喧宾夺主的错误，重视学好基础的课程，提高加权成绩。目前，学分占比较高的理工基础课对接下来的专业课学习有指导作用，学不好基础课就难以理解专业课中的内容。

大三学生在做专业选择时，则要综合考虑自己的性格和行业发展趋势。成志飞表示，本科阶段不必过于细分专业方向，因为毕业后走上工作岗位时，工作内容不一定与自己所学相似，还是要靠工作中的学习进步。此外，要培养自己良好的性格，因为工作中会遇到很多难以应对的人与事，要保持宽广的胸怀。同时，还要培养自己的逻辑思维能力和问题分析能力，要珍惜大好青春年华，在校期间锻炼与人相处的能力。

关于毕业以后的择业方向，成志飞谈道，在工作前十年最好能进像华为一样的大公司，大公司中体制比较健全，更有益于新人学习成长。

『观中国芯片未来——路上春色正好，天上太阳正晴』

由于工作原因，成志飞更加清楚地看到了中国与国外芯片产业的差距，但他坚信中国芯片可以走向世界领先地位。

从总体上看，我国芯片产业的优势是拥有庞大的市场规模与较低的人力成本，且国家有重点扶持芯片产业发展的政策，但我国在高端芯片设计、制造、封装等环节研发能力不足，关键设备未完全掌握在自己手中，基础电子材料研究落后于发达国家，同时，芯片从业人员缺口较大，且业内人士转行情况较为普遍。

我国芯片消费市场广阔，需求量大，发展速度快。从消费市场来看，自2012年以来，电子移动设备的普及大大拉动了芯片市场的发展；从需求总量来看，我国集成电路产品的需求达到1.4万亿元，已经成为新的经济增长点，在全球半导体市场份额中占据半壁江山；从发展速度来看，我国集成电路发展需求增长率连年处于6.1%以上，表现稳定。

“你们大学生目前正处在人生中最好的年纪，要持久不懈地为这个产业、这个国家而努力。”作为新时代青年，征途漫漫，唯有奋斗。

傅俊明：不惧风雨、永不停歇的奔跑者

傅俊明，华中科技大学固体电子系 1992 级校友，从事半导体分销代理、小众器件供应。

『半导体的道路并非坦途』

1992 年，傅俊明进入华中科技大学电子材料与元器件专业学习，那时候学习的电子元件和微电子技术和现在有很大的不同，基本上都是基础的理论和简单的运放和逻辑电路。“当时的条件确实挺艰苦的，天天在实验室‘烧炉子’，也没有什么实验器材，学习资料也没有现在这么方便得到。”

1999 年，傅俊明开始进入半导体分销行业。当时的电子元件和集成电路主要源自海外进口，分销代理成为芯片销售非常重要的环节。傅俊明便就职于一家有台资背景的代理商，干起了销售。但不到一年，他就离开了公司。谈到离开的原因，傅俊明表示：“当时所处的北方市场规模偏小，摸不着市场方向，也没人能够请教，就一直跑啊跑，却也是一直撞墙，最终有些心灰意冷。”屡遭挫折的他开始认真思考，总结教训：如何正确认知所在公司的价值，如何定义公司的市场定位，如何在工作中体现出岗位的价值。他想了两个月，开窍了。半年后，机缘巧合之下，他又回到了原公司。凭借着自己的勤奋和对机会的把握，三个多月后，傅俊明就帮助公司实现了成立五年多以来从未做到的业绩。类似这样的经历，傅俊明还有很多，他坚信“在哪里跌倒就在哪里爬起来”，偶尔的“试错”反而会让自己更快地成长。

针对目前国内半导体设计、制造以及上下游产业投入的加大，以及政策的扶植，傅俊明表示：“半导体行业中资本支出能力是维持产业竞争力的关键因素之一，为造就越来越多国内优秀企业提供了非常好的环境，更多的客户能够接受国产芯片，也就为新兴企业创造出更多的试错机会，从而能快速迭代，夯实技术积累，提升产业地位。”

『热爱芯片行业——跨世纪的坚守』

从电介质物理、半导体材料，到教研室的NTC、压电陶瓷，再到眼前高度集成的芯片、MEMS传感器，二十多年过去了，这些技术变革引发了一波又一波产业变迁：千年虫导致整体PC行业更新换代，MTK带来手机普及化，新能源产业兴起引发电容大缺货……但傅俊明始终坚守在业内。他坦言道，自己的求学经历在他心中印下了深深的烙印，自己属于这个行业并热爱这个行业。如今的分销商职能已经不止于物流运输、财务管理和影响客户，傅俊明也逐步从分销职能出发，向以应用为导向的垂直领域耕耘，同时尝试将零件整合为模组的经营方式。让复杂的事情变得简单而纯粹，为客户创造价值，这对于他而言十分重要。“行业就在那里，沉下心来，去适应市场的变化。”对于信念的坚持和过程的掌控，对于他来说也很重要，“只要你想做一件事，就一定可以做到”。

『勤奋、思考与“欲望”的人生哲学』

傅俊明在半导体分销行业从业经验丰富。当被问到如何把职业之路走好时，他笑道：“你会发现所有做得相对比较好的人，都会有两个特质：第一就是勤奋，第二就是懂得思考。”只有在不停地积累和总结回顾的基础上，才有机会闪现灵光，从而让自己有所突破。

实践队员在与傅俊明交谈间，觉得他充满了热情与活力，而这得益于他的“欲望”，也是他心中做销售最重要的关键词。他认为，对于欲望的解读，一千个读者有一千个哈姆雷特，欲望可以来源于金钱、权力，亦可以来源于承诺与信心。“人一定要有一种信念，一个向上的欲望，这样才能不停地去激励你做一些事情。”但欲望不是空想，它能够驱动个体为此付出相应努力。对于一些优秀的、想要转行的同学，他建议从现有的基础做起，对自己所从事的行业有了认知后再去涉猎相关的行业，“先把手上的事做好，有基础就实在一些，不然肯定是‘空中楼阁’”。傅俊明还建议，在当今的时代背景下，不要轻易被表面现象迷惑，学会把心沉淀下来很重要。

高厚新：坚守半导体行业数十载，沉着面对途中风风雨雨

高厚新，华中科技大学微电子系 1994 级校友。本科毕业后，他在软件开发、电信工程等方向来回辗转，直到 2004 年进入上海富瀚微电子，负责视频监控芯片设计，如今担任公司副总经理。

『多次改变研究方向，最终坚守收获成果』

1994 年，高厚新进入华中科技大学微电子系进行学习。本科毕业后，他先是在软件学院做 IC，由于受到内外多种因素影响，最终没能成为一名软件工程师。之后，他选择到华中科技大学电信系读研究生。据高厚新回忆，他在研一的时候完成了许多课程，到了研二就开始完全按照公司的制度做事。2003 年毕业后，他去了杭州做通信。2004 年，他进入上海富瀚微电子。

高厚新介绍道，他现在主要还是扮演工程师的角色，在外面走动的机会不多，并谦虚地表示自己还不算优秀的人物，他所在的公司上海富瀚微电子在行业里也不是数一数二的。

2004 年公司成立时，富瀚微电子为了规避激烈的行业竞争，选择了一些相对细分的市场，着眼于视频监控场景。视频监控的市场虽然不大，但增长比较快。除此之外，富瀚微电子与兄弟公司也有一些紧密的合作，这也是公司能存活发展的重要原因。目前，富瀚微电子在上海和深圳总共有接近 200 名员工，“在半导体行业也算是一个中等企业”。

『工作十载情谊深厚，盈利创新都需重视』

风风雨雨十多年，高厚新对公司有着深厚的情谊。当被问到工作中令他最有成就感的事情时，他毫不犹豫地提到了三件事：第一件是在 2006 年做出了国内第一个可商用的 H. 264 解码器 IP；第二件是 2012 年启动了 CMOS＋ISP 方案，在安防摄像机上实现了对日系 CCD 套片方案的替换；第三件事是最近几年公司的芯片产品的市占率走到了前列。

前进的路上总布满荆棘，面对困难，高厚新拿登山来做比喻：“只有不断向上爬，才能到达山顶。”他很清楚地知道，IC 是一个竞争非常激烈的领域。他一路走来，也看到了很多人最后放弃并离开了半导体行业。

在高厚新眼里，公司的盈利和技术的创新并不矛盾。做研发产品的公司，要有创新才能盈利，这是竞争行业所决定的。但在他看来，创新并不意味着要立即有天翻地覆的变化，而是要通过一代一代的改进来实现颠覆性的创新。只要他们能走得快一些，能领先半步，就体现了创新。

高厚新进一步指出，近年来，半导体行业的人才缺口很大，这里面有几次浪潮的冲击：第一波浪潮是中国的芯片公司从 400 多家增长到 1000 多家，需要大量的人才支撑；第二波浪潮是风险资金的投入；第三波浪潮是现在断供状况的出现要求高端芯片国产化，国家的投入越来越大。

『笑谈行业发展迅速，冷静面对现存差距』

在谈到IC行业发展快的原因时，高厚新表示这就跟在丛林里一样，大家如果都停下来不动，那最后就会消亡。放在企业身上，竞争不过对手就是倒闭。“我也想让节奏放缓一点，比如大家都三年出一个产品，但是一旦公司走得不够快，公司的护城河不够深，别人一进来公司就会面临出局。”

高厚新把芯片产业比作蛋糕，他提到目前市场上有大蛋糕也有小蛋糕，小蛋糕的回报率若不太高，就不会引起大鱼的注意，这也就给小鱼们留下了存活机会。近期，国家的政策激励加上技术革新浪潮的出现，催生出了现在芯片产业的繁华。“但往后几年呢？以前一个部件能养活一两个公司的，现在不行了。近几年也有产业转型和国家战略的问题，那么五年之后这个行业还是这样吗？我并不这样觉得。”

他还记得在当年，中国台湾的一些半导体公司成绩较好，但由于产品没有持续发展、推陈出新，就慢慢没落了。在被问及我国和国外芯片产业的差距时，高厚新强调还是要靠积累。半导体行业能在近十年内发展起来，还是要感谢国家的战略和工程师红利。但是就技术专利积累和创新能力而言，美、日、韩有着比较深的底蕴，这是国内还不足的地方。工业4.0之所以被提出，就是因为基本的工业环节都已疏通，现在亟须打通瓶颈。为此，高厚新也鼓励同学们努力学习基础知识，加快投入专业领域，为我国未来的芯片行业注入源头活水。

陈钊：打好基础，努力实干

陈钊，华中科技大学固体电子系 1993 级校友，现工作于海思半导体可靠性工程部。

在日益复杂的国际环境下，海思——这家代表着中国 IC 顶级水平的公司，被推向了风口浪尖，在风险与机遇中不断创造传奇佳话。陈钊在研究生毕业后便加入了这场没有硝烟的战争，在工作中不断加深对芯片设计与制造的认知。

『从业一二，履践致远』

1993 年，陈钊进入华中科技大学电子科学与技术系微电子技术专业学习。随后，他在研究生阶段师从刘三清、余岳辉老师，研究模拟集成电路。2001 年，陈钊加入华为的 IC 部门，并工作至今。提及入职华为的原因，陈钊说道：“我是学模拟的，当时国内做模拟方向的公司中，起步比较早，且有一定积累的，仅有华为。读研的时候，我也多次参与学校和华为的合作项目，所以和这边的交流会多一些，毕业就选择了华为。”与此同时，他还提到了自己在华为公司的面试过程。“我们那会儿，面试的时候主要是围绕技术上的问题展开，同时也有一些开放性的问题，印象很深的是，面试中特意问到了如何面对挫折。”随后，陈钊着重讲述了他在华为公司工作多年所积累的面对挫折时的感悟。“关键还是要从失败的项目里面找到根源，然后改进，从哪里跌倒就从哪里站起来。做任何事情都要考虑做最坏的打算，并采取一些针对最坏情况的保障措施。”挫折既是一种压力，也是一种动力。陈钊认为，将工作视作一种兴趣爱好，是缓解工作压力、化压力为动力的良药。

陈钊认为，在工作中不仅要收获专业技能的提升，更要收获精神的满足，即在工作中收获成就感。他提起今年收获的两块纪念牌——一是纪念手机发货超 2 亿，二是纪念麒麟芯片销售过亿，这既是对他数年工作的肯定，也凸显了华为公司对员工的付出的切实关注。

『心怀热望，洞察时代』

自“华为事件”后，芯片制造行业逐渐进入大众视野。而芯片制造涉及数学、物理学、材料学、电子学等多方面的知识，需要各种各样的专业人才。陈钊讲述了海思半导体对人才的主要需求，以及对人才的管理方略。他认为，在企业产品需要大规模量产的情况下，“任何小概率事件都有可能变成恶性事件”。因此，海思半导体希望新员工能有坚实的基础。“在模拟部，我们会希望新员工尽可能钻得深、学得好，例如希望他们有扎实的基础理论和基本技能，就像练武功要练底盘一样。”同时，在新员工已经适应工作以后，海思半导体还希望他们能拓展工作的“广度”，“随着工作范围越做越大，承担的责任越来越多，我们就希望大家在广度上拓展，开始拥有一些融合性的知识。大家既可以选择到融合性的团队里面去工作，也可以承担一些复合性的工作”。

说到在可靠性部门的工作感受，陈钊侃侃而谈。在 2015 年之前，可靠性工程部以追随业界标杆为主。在 2015 年后“开始有各种专业知识、专业背景的人加入这个团队里面，我也是那时候从模拟部转过来的”，部门就逐渐从单纯的测试可靠性变成研究失效机理。“这个时候，团队里面懂芯片测试、设计、封装、半导体工艺的人员都要有。例如，封装可靠性不仅与封装设计有关，还会涉及材料学、物理学、化学、力学等各类知识。”目前，大多数公司只能对自己的产品按 JEDEC 标准进行测试，而海思半导体的可靠性部门则远远地走在了前面。

最后，陈钊列举了华为与爱丁堡大学、中山大学等高校的合作项目，由此提及华为与高校的合作情况。“高校在创新和试错方面有着独特优势，毕竟在公司里，试错成本会很高。目前，公司对做底层基础研究的支持力度较大，但这要求目标非常明确。”他指出，学校与企业在着力点上有明显的差异。“学校可能更偏向于观念的创造。公司的研究主要是为了一年或者两年之后解决某个问题。”因此，高校与企业在科研上进行互补，最终可以实现互赢共利。

通过此次座谈，陈钊分享了他在华为公司 IC 部门工作的点滴，以及 IC 行业发展所需的人才结构，最后指出了企业与高校间侧重点的差别。新时代的光电学子们，也应在本科阶段努力打好基础，在日后的工作中做好学习的准备，最后在工作中收获专业能力的提升及成就感。

李强：创业一路艰辛坎坷，所幸最终开花结果

李强，华中科技大学固体电子系 1996 级校友。本科毕业后，他进入复旦大学读研深造。2005 年，硕博连读结束后，他与同实验室的师兄弟合伙创立了上海坤锐电子科技公司，致力于提供高频和超高频 RFID 硬件解决方案及 NFC 移动支付解决方案。

『回忆创业岁月，讲述辛酸苦辣』

1996 年，李强进入华中科技大学固体电子系学习。凡事都喜欢琢磨的李强在校园里与科创部结缘。回忆起当时在协助辅导员完成工作、每周开例会、摆摊修收音机等活动之间来回奔波的时光，他总是忍俊不禁。本科毕业以后，他前往复旦大学攻读固体电子学研究生，主要钻研模拟机、电

路射频设计方向。2005 年博士毕业以后，他选择和实验室同好一起成立一家创业公司，继续深化和实践学生时期的研究方向：射频识别及 NFC。这就是上海坤锐电子科技公司的由来。

在被问到创业是否有提前准备翔实的计划时，李强摆摆头，认为“一切都是顺势而为”。本科毕业时，找工作或考研都是他的规划选项，但最终选择读研深造。研究生期间，李强从研二起便开始接触研究课题，一做就是四年多。当时，其所在的实验室研究的射频识别已成为业内热门方向之一，加上自身已经有几年基础以及各种条件也已成熟，李强便很自然地选择了创业。

创业是一项艰巨的事业，在被问到如何面对创业中遇到的棘手事件时，李强总是说“习惯就好”。在他看来，无论是去创业，还是选择加入大公司，就辛苦程度而言差别微乎其微，同样需要面对精神或体力层面的压力。此外，李强特意强调不可小看性格对选择的影响。创业是一种很独特的就业方式，因为在创业型公司里，很多东西没有办法用标准去衡量。李强以自己为例，“我哪怕下班回家也一直在思考公司的发展。也许对某些人来说，这样反而很困难”。李强表示，因为喜欢自己的工作，很多类似问题最后都迎刃而解了。

『畅谈创业实质，分析创业环境』

任何一个企业都是以扩张型姿态起家的，都有风险投资的成分。这便要求想在某一领域做出成果的企业，首先做好招兵买马的工作，即在创业的过程中将技术与资本相结合。

在李强看来，创业团队至少要拥有过硬的技术或庞大的市场，以此和资本进行结合，才能实现“开花结果”。而技术靠的是人才，人才引进来了，就能够做出东西，如果做出的产品在市场上竞争力很强，公司就能实现飞跃成长。产品是否有优势、宏观经济形势好不好等都是对企业能力的极大考验。

谈到现在半导体行业的创业环境，李强并没有一味看好。在十几年的创业浪潮中摸爬滚打后，他很深刻地体会到——这几年芯片类行业的创业氛围正逐步淡化。在国家大力扶持的情况下，芯片行业出现集群效应，虽然整个微电子集成电路行业大环境非常好，但个人创业机会相比于十几年前其实是变少了。

『心怀目标前行，不断锻炼自己』

李强认为，学生通常在本科低年级的时候对专业的新鲜感还在，但到了本科二年级就需要有确定的目标作为学习的动力，是选择留在国内还是出国去深造，是留高校或科研机构还是去企业工作……想好走哪条路显得格外重要。从本科三年级开始，需要对目标做进一步细化，不能浑浑噩噩到了大四，随大流选择考研、出国。

李强建议，大学生在本科阶段要把基础打好，“创业不是完全凭一腔热情就能成功的。本科毕业创业成功的案例的确有，但是这个成功的比例不高”。他又一次提到性格在其中的决定性作用，如果不是深思熟虑做出的抉择，而是受外界各种因素影响，他不建议在本科选择创业。

对于选择在企业工作的学生，李强也给出了自己的建议：“不要靠光环吃饭。”培养一种发现问题并能解决问题的能力是他对大家的殷切希望。“哪怕技术再厉害的人，也要亲手去测试，亲身去发现。”职场上很多时候并不是像做题目和条件都已设置好的试卷，不仅需要提供答案，还须亲自实践。

邓金斌：迎接挑战，选择和努力同样重要

邓金斌，华中科技大学固体电子系 1998 级校友，Cadence（楷登电子）中国区数字产品线经理。

在深圳这个日新月异的城市，无数芯片人的行业拼搏故事汇聚在一起，造就了深圳以及珠三角地区半导体行业的高速发展。邓金斌就是其中一员，十余年的 EDA 从业经历，让他对芯片行业的奋斗有着深刻的理解。

『谈个人奋斗——做好人生的第一个选择』

1998 年，邓金斌以高分考取华中科技大学，进入生物医学专业学习。他抓住大类转专业的机会，进入当时的固体电子系。即使已经过去了 20 年左右，丰富多彩的校园生活、“水深火热”的毕业设计、“烧陶瓷”的专业经历，都仍给他留下了深刻的印象。

2002 年，邓金斌考取了硕士研究生，但思虑再三后他选择去珠海就业。谈到当时的选择，他对未能继续深造充满了遗憾。“社会越成熟，对

学历的要求就越高。”邓金斌认为，高层次的学历带来的不仅仅是知识的增长，更是个人交流圈子的提升。“尽量多读点书”是他给同学们的忠告。

珠海这座城市给邓金斌留下了良好的印象。刚接触工作的他负责写Verilog代码，那是在校园里从未接触过的全新领域。回忆起这段经历，邓金斌感慨万千，“那时候全中国都没几个会写Verilog的，我（在学校）没学过Verilog，都是到公司后才开始学的”。突破重重难关的邓金斌最终成功掌握了这一技能。2005年，邓金斌来到深圳，成了一名AE工程师，在Synopsys开始了他与芯片行业的故事。那时的国内芯片行业处于起步阶段，就业环境大不如今。对他而言，行业的转变是非常艰难的：“大家没有经过系统的培训，都是自己摸索，野蛮生长。”尽管邓金斌在AE这一行沉淀了十余年之久，但在心底他对芯片销售行业始终带有几分向往。芯片销售，是一个需要沟通能力兼专业技术背景的特殊赛道。在生活稳定之后，他决定来到Cadence，成为一名数字业务的销售人员。第三次职业转变给了他非常大的触动：“在40岁中年的时光里仍能憧憬未来，在往后十几年做一些自己喜欢做的事情，我觉得非常值。”

『谈行业认知——芯片产业正处在上升期』

对于目前从事的芯片行业，邓金斌充满了信心。我国芯片行业如今进入了高速发展期，国家投入力度很大，社会重视程度有较大提升，尤其在华为这样的龙头企业带领下，我国在某些领域和世界一流企业的差距被大大缩小。他建议同学们为择业做好准备，可以先尝试在大公司学习几年。“你要在大公司把自己的技能培养起来，之后再做选择。”丰富的职业锻炼可以让学生在短时间内真正熟悉行业的流程和规则。

谈到创业，邓金斌不建议同学们在毕业后马上尝试创业。芯片行业是一个技术门槛较高的行业，在这个领域大部分的创业者都是在有了大量的技术、资金和人脉积累后才开创自己的事业的。他认为大学生创业的成功率并不乐观，特别是在互联网已经高度发达的今天，观念的传播前所未有地快，即使是创业者有了一个好的想法，其运作也很难不被大的资本力量影响。

『谈未来期许——选择和努力同样重要』

邓金斌作为沉浸行业十余年、经历了多次职业转型的芯片人，谈得最多的还是“选择”。无论是在毕业时的就业或深造，工作中的职业导向，还是在未来成家立业，在他看来，做好选择都非常必要。他鼓励同学们在本科阶段多拓展自己的知识面。一方面多读书，以增强和他人交流的能力，另一方面多元化学习，以大大增加自己做职业选择的余地。他特意提到华中科技大学开设的公共选修课，其中部分人文素质教育课程能很好地帮助大家拓宽思考问题的眼界，希望同学们能够珍惜资源、耐心钻研。邓金斌也鼓励同学们不断尝试自己喜欢的东西，不要被短期的利益所困，探寻自己喜欢的事物，再为之付出努力。“选择和努力同样重要，选择甚至更重要。”在邓金斌看来，最宝贵的是“时间”，以及在正确的时间做出正确的选择。

“就业是明朗的，前景是光明的，所以不用太担心。”在芯片产业的道路上，邓金斌讲出了他的故事，为后辈们点亮了灯塔。

刘健：走不断超越自己的创业路

刘健，华中科技大学光电子科学工程学院1999级校友，杰普特光电股份有限公司创始人之一。

『浅谈创业史——在幸福和艰辛中获得成长』

2006年，刘健与其他合伙人一起创立了如今的杰普特光电股份有限公司。风风雨雨数十载，如今的杰普特受到各大企业及高校应届毕业生的推崇。刘健在杰普特成立之前也曾经历过一段内心纠结的时光。“因为毕竟有一定的知识和经验积累，还有博士的光环，在哪里找个工作不行啊。”但是最终，刘健还是决定坚守初心，选择了创业这条道路。

“很简单，如果我当时去大公司的话，我相信我在知识积累上会有一定的提升，但其他方面几乎都是零。我会成为一个非常典型的理工男，在那里写程序，成为企业需要的工程师，而我认为，我的性格不认同我成为这样的自己。”刘健提到，作为一个有英雄情怀的人，他希望自己能干一番轰轰烈烈的大事业，创业是最适合他的选择。刘健在创业之路上实现了全方位的能力提升，杰普特亦收获了成功和经久不衰的口碑。

『忆感悟经验——做适合自己的选择，实现自身价值』

谈起创业，刘健认为任何人都应该对自己的人生有更多的思考，要努力实现自我价值。不论是去大公司，还是选择创业，都是不错的选择，只要认为是有意义的事情，就应当坚持做下去。创业者有创业者的激情，大公司有大公司的专业，一定要想明白自己未来真正想要做什么，切忌随大流。

关于创业的含义，刘健指出，国家鼓励大众创业、万众创新，但是很多人对创业的理解并不深刻。“很多同学认为，在校门口摆个摊卖煎饼果子，也叫创业。其实这不叫创业，这叫做生意，也就是处理买和卖的关系。真正的创业是什么呢？是你做了深刻的思考和深入的社会调查以后，可以大胆地说我准备好了。成为一个创业者，注定要成为一个非常孤单的思想者——要自己去思考怎样获得资金，怎样让团队跟着我一起走到最后，等等。”他强调，创业要想成功，就要有深厚的知识、经验、资金及社会资源积累，同时要具备较高的情商和对成功的渴望与激情。

在创业这条路上，刘健并不是一帆风顺的，当回忆起如何面对这些艰辛往事时，刘健亦有自己的应对哲学：“把自己的心理预期放低一点，在做事情的时候不要孤注一掷，尤其要避免赌徒心理。”失败在创业中比成功更为常见，小的失败失去的只是小部分金钱，而大的失败则会失去信任这一笔财富。刘健坦言道，信任是任何事情的核心，对于创业者来说，这是尤为重要的核心品质。在自身的谨慎与正确规划下，刘健也获得了更多的支持。

『送美好寄语——不忘初心，方得始终』

提起在校生的学习与发展，刘健认为，当今社会，信息获取的渠道越来越多，但大家对于自己的前程和人生价值的思考却变得越来越欠缺。

“理想很丰满，现实很骨感。”对于年轻人来讲，怎样的选择都不存在好坏对错，只要自己认为有意义、有价值，就应该坚定不移地做下去。“不满意和颓废不能带来进步，只会带来失望甚至是抑郁。当代青年要做的，只是坚定自己的初心，不为外物所困扰，做自己认为合适的、能够实现自身价值的事业。”至于是否一定要创业，刘健认为这并不是绝对的。每个人都有适合自己的道路，或许他的成功让许多同学燃起了创业的欲望，但并不是所有人都适合走这条道路，选择与自己最为契合的发展方向更为重要。

刘健强调，什么时候做什么事，这取决于每个人的初心，并无高下之分。这个世界不是只需要英雄，亦需要一些默默无闻的工程师，对社会负责任，对家庭负责任，对自己的父母和将来的子女负责任，“只要自己认为过得很幸福，就很好”。能够实现自我价值的职业规划，就是正确的职业规划，每个人的就业道路都不可能一帆风顺，重要的是，永远保持对工作的热情和对成功的渴望。“只要你想做事情，那么这种对成功的渴望、这种激情，我认为是一定要有的。”

谢武洪：在成长中发现更好的自己

谢武洪，华中科技大学电子科学与技术系 1999 级校友，现工作于炬芯科技股份有限公司。

『求职路漫其修远，上下求索勤为贵』

1999 年，谢武洪进入华中科技大学电子科学与技术系学习。2003 年，出于行业发展与自身需求的考虑，毕业后的谢武洪来到科广电子（珠海扬智前身）工作，2006 年加入炬力集成，随着炬力集成完成改制，其工作关系迁入炬芯，直至今日。十几年间，谢武洪积极投身于公司产品研发，贡献卓著。回想起当初加入炬芯时的点滴，谢武洪颇为感慨：“这是经过深思熟虑后的无悔选择。”

随后，谢武洪谈到了炬芯公司的福利待遇与珠海环境的生态宜居，这也是他当初决心投身炬芯的重要原因之一。即使是在珠海这样的生活型城市，由于 IC 行业的特殊性，加班也是常有之事，谢武洪早已适应。但相比于部分同行企业的“朝九晚十二”，炬芯公司更鼓励员工在工作时间内最大化个人积极效能，因此在项目研发不紧张的时间段，多数时间可以正常按点下班。

谢武洪也结合公司规模与发展情况，表达了他关于加班的看法。“目前，公司负责数字设计的人员并不多，作为一个只有十几人的工作团队，要支撑公司目前的开发，时间上仍旧非常紧凑，所以提倡个人合理安排工作进度。”在芯片设计行业，时间投入与技术提升是双向奔赴的关系，工作并非仅仅是按部就班、因循沿袭，而是始终在突破常规、攻坚创新，例如，对于低功耗设计的逻辑优化是永无止境的，投入更多精力并不是为了应付他人，而是为了实现对更优产品性能的追求。

谈到自己专攻的方向时，谢武洪直言，之所以选择数字设计，是因为本科的学习以数字电路和模拟电路为主，模拟设计作为更加专业的方向往往是在研究生阶段才开始切入，自己在求学期间还暂未涉及。因此，专攻方向的选择也是结合个人知识背景与结构后的审慎考虑。

『聚慧育才行有道，砥砺创“芯”路有径』

蓬勃发展的炬芯正越来越受芯片行业人才的好评与向往。身为炬芯公司的技术骨干，谢武洪对公司人才的需求类型和结构有着深刻的认识。他认为，在同等条件下，一些研究方向即便是研究生阶段也不太可能接触到，如果本科生的能力和水平符合公司需求，我们也会选择这些有资质的本科生，并进行重点培养，但是以后的人才要求趋势还是越来越提倡有研究生学历。

炬芯公司独特的人才晋升模式也为员工职业认同和身份融入提供了坚实保障。在个人发展路径方面，公司会提供管理方向和专业方向两类发展通道。每年 8 月，公司会有专业技术评审。大概五年之后，个人就可以申请资深工程师资质的评定，之后便是高级工程师、主任、专业首席技术官之类的评定。此外，公司也会结合多方因素综合考虑个人晋升，比如对公司的贡献度、自身的专业能力等。不同的方面会有不同的专业人员进行评审，确保人尽其才、机会均等。谢武洪提到，作为一家科技公司，在炬芯内部，虽然技术人员的晋升过程面临一定门槛和挑战，但内部发展渠道也丰富多元、充满机遇。

『殷殷寄语明方向，经验分享启职慧』

学生时代，恰似白驹过隙。惜时勤学、夯基固本，积累科研经验与专业实力，提前谋划未来发展方向，应当成为学生成长的“必修课”。谢武洪建议，如果有机会，本科生应尽量选择读研深造，从现实环境来看，研究生就业起点相对更高、择业范围也更广。当然学历也并非决定性因素，公司也有综合性的全面考虑，更多还是看重个人能力与综合素质，如果本科阶段就已足够优秀，择业也是可行之举。“决定个人与岗位匹配与否的根本还是专业能力。”

最后，谢武洪对华中大的学生表示了肯定，也对光学与电子信息学院的人才培养提出了自己的看法与期许。“我觉得华中科技大学的毕业生在专业素质方面比较符合我们对于专业能力的要求。在学科培养上，学校也取得了诸多高质量的成果。从这次走访也可以看出，学院在学生应用实践锻炼和企业用人需求上结合较为紧密。”他从企业的角度出发，希望学院能够持续加强人才实践培养，为企业发展输送更多优秀人才。

人生每一阶段都会面临诸多选择，不同选择勾勒出的是不同的人生轨迹。谢武洪结合个人在校学习、择业过程、入职发展等阶段的成长经历，为我们生动诠释了“行而不辍，履践致远”的人生信条，也为同学们在人生求学就业的关键岔口把准方向、行稳致远提供了宽阔视野和经验启迪。

徐敏：毅然回国投身教育事业，致力为国培养基础人才

徐敏，华中科技大学电子科学与技术系 1999 级校友，随后前往复旦大学和美国普渡大学深造，博士毕业后留美工作 7 年。在国外求学和工作过程中，他逐渐感受到国内半导体行业与发达国家的差距，在 2018 年毅然选择回国投身于先进半导体器件和工艺的研究，被复旦大学微电子学院聘为“东方学者”特聘教授、博士生导师，致力于为中国半导体行业培养更多优秀的人才。

『无论出国回国，心都在半导体行业』

1999 年，徐敏进入华中科技大学电子科学与技术系学习。他认为自身求学经历比较顺利，“本科毕业后就来到了复旦读研，之后便在国外读博”。

博士毕业后，徐敏一直从事半导体设备、器件和工艺平台的研发工作。在国外工作了将近 8 年，谈及为什么想到回国，徐敏解释道：“回国有很多机缘巧合，更主要是由于国际形势的变化，觉得国内半导体产业存在很大的差距，人才也比较短缺，就决定回国了。”

当年出国是为了掌握更多技术，而今重归故土是为了将自身经验传授给中国新一代青年。从出国到回国的十几年间，时间或许在徐敏身上留下了印记，但磨灭不了的，是他对半导体行业的热情投入，以及他从华中大毕业后矢志不渝的初心。

『结合国外求学工作经历，谈国内外不同及差距』

徐敏在谈到自己的实验室时指出，实验室的优势是更注重基础和细节研究，对于工艺本身钻研得很透彻，劣势是发论文方面相对比较困难。而如今很多学生，更专注于发文章和顺利毕业，很难静下心来探究基础技术。

在美国生活多年的经历，使徐敏感受到国内外科研环境的很大不同。当年他读博的时候，美国的设备较国内而言没有很先进，做的东西也是平时都能想到的。但是美国的研究人员在芯片领域做到了长期耕耘，逐渐取得了领先地位。而在国内，人们倾向于选择跟随他人已经做出来的成果进行研究，这对专业的发展造成了一定阻碍。

关于国内外企业间的差距，徐敏给出了自己的看法：国内的企业缺少“平台”的概念。现在时不时出现的热点方向，短时间内能带来很大的利益，一旦热潮过去，如果没有延展性，就只能被抛弃。徐敏介绍到，面对热点方向，国外的企业会选择构建一个平台式的集成体系。在话题较热的时候，他们可以在这个平台上稍微做一些技术优化。即使热潮过去，由于很多技术基础具备共同点，他们也能很快就延展到另外一个方向去。

尽管中国芯片产业发展不足、人才紧缺，但是对于中国企业的未来，徐敏还是充满了信心：“随着时间的推移，整个社会沉淀下来，至少是可以减小差距的。我们首先需要有一定的基础，然后慢慢赶上去。相信以后一定会领先国外，尖端技术的差距也会逐步缩小。”

『强调基础重要性，潜心钻研，注重能力提升』

面对很多学生铆足了劲发论文证明自身能力，而一些基础性研究少有人涉足的现象，徐敏也是深有感触。因为也有学生曾经问过他：“别的同学都已经发文章了，我们怎么天天就刻一个东西?”他表示，器件工艺不是看一遍就能解决的，而是要在非常细微的方面做得很深入、很全面，只有这样才能把工艺条件摸索出来。发文章是一方面，但是对于研究生来说，能够在课题研究过程中发现问题，再通过各个途径解决问题，是更为必要的技能。对于器件工艺，只有把它从头到尾都做通，才能知道它是怎么一回事。

徐敏非常鼓励现在的年轻人多做一些实际的事情。就中国现状而言，他更强调基础和细节的重要性。“在实验室，一千个样品只需要成功一个，就算是成功了，但是在一千个产品中出现了一个坏的，那么这个错误就难以弥补了。”

立足于基础，是徐敏对所有后来者的忠告。正是由于学生时期打下的坚实基础，徐敏才能在后来的工作中游刃有余。在攻坚克难的过程中，他坚守于器件工艺打磨，致力于基础技术的发展。正是因为此类专业人才的存在与坚守，中国未来基础技术的发展才更有希望。

刘栋：与“芯片”的不解之缘

刘栋，华中科技大学电子科学与技术系 2000 级校友，硕士研究生阶段师从姜胜林教授，开始接触芯片，毕业后正式进入芯片行业。经过十几年沉淀，凭借丰富的从业经验，现在和一群志同道合的伙伴创立了上海亿算科技有限公司。

『个人成长经历——敢于“折腾”』

2007 年，刘栋从华中科技大学毕业，正式踏入芯片行业，起初在一家小公司学习和充实专业知识，三年后来到平台和机会更多的上海，几经职业更换，于 2012 年与一群志趣相投的合伙人成立了一家公司，先后从华为、国科微电子等公司处承担项目。2014 年，刘栋和合伙人反思其团队的成长，深觉在技术研究方面存在不足，在一家拥有高端技术的公司经过一番研发锻炼后，他和其他伙伴对芯片研发的热情越发高涨。他们不想安于现状，开始寻求其他的发展机遇，随后与一家创业公司结识。刘栋这样描述自己的职业经历：“几个志同道合的人在一起才更有助于激发我们‘折腾’的动力。”

『谈行业发展与创业——坚守初心』

谈及因何进入芯片行业，刘栋自谦道，可能是运气好，在研究生阶段曾因导师的项目有所接触，毕业后也得以在芯片行业扎根。在一个行业中坚持十多年并不容易，刘栋正是凭借自己的一腔热血闯出了一番天地。

在工作中，刘栋始终保持着对芯片研发的热情，不断追求卓越以实现自我提升，刚开始时从底层做起，慢慢积累经验。正是这样一种在工作中虚心学习、不骄不躁的心态，使得刘栋在芯片领域越走越远。谈及在一次次的选择中是否有顾虑时，他坦言首先趁自己还能“折腾”就应该把握住机会，且现在国内形势很好，没有什么是不可以失去的，大不了从头再来。刘栋认为人生在于多尝试，最难的是勇敢踏出第一步，也许一开始的经验积累尚未显露益处，但量变终会产生质变，如果没有一份坚持的决心，很难在一个领域中取得成功。

面对竞争激烈、环境多变的半导体行业，刘栋感到自己的创业公司还相对年轻，可能随时会倒闭。“但是倒闭也没关系，就像我说的，中国现在属于盛世，即使是普通人，只要有干事创业的激情，都能找到一份工作。所以无须顾虑太多，敢于拼搏便是最好的选择。我相信越早做越好。”或许正是如此豁达的心态，才使刘栋敢于一次次去尝试、去“折腾、去收获新的精彩”。

『对同学们的期望——提前规划目标』

在访谈过程中，刘栋建议大学生在校园学习过程中，要注重综合全面发展，着力提升逻辑思维、团队合作、沟通交流能力。工作能力的强弱与就业后给公司带来的收益多少紧密相关，在学校学习的理论知识可能会在工作几年之后忘却，但是在课程学习中形成的思维逻辑，却对日后工作起着潜移默化的作用。

刘栋谈到自己在研究生阶段的项目经历时直言道，当时自己对项目内容一无所知，只能尽可能地去查找相关资料。参与项目的过程比较痛苦，但在导师的指导下，收获的不仅仅是项目成果，也培养了自己独立自主的能力。

此外，他认为在研究生阶段，“埋头学习的同时要适时地抬头看路”，专注实验室研究之余，更要开阔自己的眼界、关注行业发展，尽早接触自己想从事的行业，充分准备，这有利于今后少走弯路，明确个人未来规划，以目标导向推动个人发展。

胡贻升：做自力更生，追求卓越的芯片“芭蕾舞者”

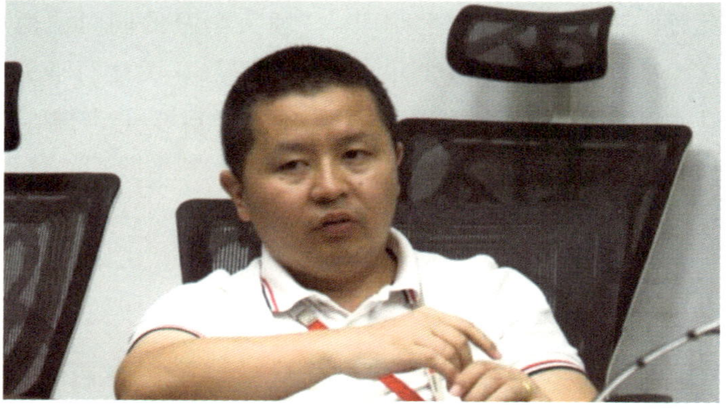

胡贻升，华中科技大学2002级电子科学与技术系校友，香港科技大学硕士，在海思半导体模从事拟验证工作。

『谈早期个人成长——勇于尝试，不断进步』

2002年，胡贻升进入华中科技大学电子科学与技术专业学习。那时华中科技大学刚合并成立不久，电子科学与技术专业刚由固体电子专业改名而来。回忆起自己的大学生活，胡贻升讲述最多的是他担任0403班学生班主任的故事。0403班在胡贻升的带领下，涌现出了一大批的优秀人才，其中不乏入选《麻省理工科技评论》第19届全球“35岁以下科技创新35人”的纳米工程学博士李金星等。

2006年，胡贻升进入海思半导体工作。他形容自己来到华为是阴差阳错，“当时中兴在宣讲会上说他们不招本科生，后来华为的宣讲会我也没有去，但是我投了简历”。面试时才发现自己是面试这个岗位的两个本科生之一。“当时面试官问我，作为一名本科生，周围与你竞争的都是硕士或者博士，有没有压力？我说能多学一点就是一点，每天有进步就行了。”正是敢于尝试、不断进取的精神，让胡贻升得以顺利加入海思半导体。来到工作岗位后，胡贻升并没有停下自己学习的脚步，并顺利取得香港科技大学在职硕士学位。他十分强调在校深造的必要性，“扎好马步才能实现技术上的积淀与发展”。

『谈职业与行业发展——自力更生，从模仿到超越』

胡贻升加入海思半导体时，海思半导体从华为的基础业务部独立出来才两年时间，在行业里并不知名。那时，海思半导体只有几百人，胡贻升所在的模拟团队只有一二十人。如今它已经成为我国乃至全世界最好的半导体设计公司之一，成功开发 200 多种拥有自主知识产权的模型，并申请了 8000 多项专利。如今的海思半导体拥有约 7000 名员工，而模拟部在我国就有几百人的研发团队。

“要做就做第一。没有人会记住第二。”胡贻升这样形容海思半导体技术的发展。在 2012 年以前，海思半导体的模拟技术与业界先进水平存在一定的差距，主要的任务也是做“备胎”，保证华为芯片供应的连续性；随着 2012 年攻关开始，海思半导体不断缩小与业界先进水平的差距，甚至开始在越来越多的领域走到领先地位，面临的挑战和困难也成倍增加。但这正体现了“要做就做第一”的追求，海思半导体也正是在这一过程中完成了行业大超越。面对当前国际形势，胡贻升更多看到的是技术封锁带来的机遇，“做到第一”也是海思半导体的“硬指标”。

在交谈过程中，胡贻升不止一次提及华为的一张宣传海报，上面写着华为 2015 年的年度关键词“苦难点亮未来”。海报的主题是一双芭蕾舞者的脚，其中一只脚穿着优雅的芭蕾舞鞋，光鲜亮丽，另一只脚却赤裸着，满是伤痕。美与丑，优雅与不堪，形成强烈的视觉冲击。“伟大的背后都是苦难”，这是华为给自身的坚持所下的定义。看似光鲜亮丽的成就背后，一定是痛苦与坚持。

『谈对同学们的期望——培养一份兴趣，学会展示自己』

作为团队负责人，胡贻升也管理着团队人才招聘工作，因此他与各高校同学的交流也较为密切。他特别提到培养兴趣爱好的重要性：“华为有一个说法叫‘三个一’，交一个朋友，读一本书，培养一个兴趣爱好。其中，兴趣爱好最为重要。当走出象牙塔，面临职场上的重大挫折时，投身兴趣爱好往往是转移压力和负面情绪的良好方式。”

谈到母校，胡贻升说道，学校浓郁的文化氛围和扎实的专业基础教育让他记忆深刻。他鼓励同学们多参加实践、竞赛，这些活动能够让同学们了解如何与人交流，学会如何理性思考问题。“华中大更多是熏陶我们内心，但在企业之中往往需要我们用尽可能简练的文字语言精确表达个人想法和观点。”他希望同学们在求学过程中提升表达能力，为今后步入社会打好基础。

对于专业选择，胡贻升认为兴趣导向十分重要，要了解不同专业之间的区别，尽量选择符合个人兴趣偏好的专业。同时，他也鼓励同学们把握出国学习或交流的机会，“欢迎你们出国，但是更欢迎回来”。他期待同学们拓宽视野、钻研技术，为我国半导体行业的发展做出更卓越的贡献。

“如果从事的行业有自力更生的可能，尽可能选择自力更生”，这是我国芯片产业急需的一种精神，也是胡贻升对同学们的诚恳建言。海思半导体凭借自力更生的发展理念和成功经验，让世人看到了未来中国半导体产业的希望所在，也让我们深信坚持和苦难换来的终将是涅槃新生。

林洪周：积极主动做事业，锐意进取谋发展

林洪周，华中科技大学电子科学与技术系 2002 级校友，本科毕业后选择继续深造，目前在富瀚微电子担任 IP 经理。

『心有所笃，为之远行』

心有方向，行有力量。回想起自己的漫漫求学路，林洪周这样总结道：“无论是做研究还是求职，我们始终要清楚自己的目标是什么，有了方向，方能行远。”林洪周始终坚持着自己的方向，他本科就读电子系，后来通过实验班招生考试进入电信实验班，并由此开启了自己的研究之旅。

所怀弥坚，履践致远。求学之路并非坦途，其间有太多诱惑与风雨挫折，因此林洪周认为，无论是本科生还是研究生，都要找到自己的兴

趣所在和研究方向，并坚持走下去。虽然本科生在职业选择上不会有太多限制，但是有了目标与方向，我们无论未来从事何种工作或研究，都不会偏离航向。林洪周以自身为例，谈到自己学过FPGA，也做过硬件和代码，因此在就业时会向这些方向靠拢，使自己的所学能够运用于实际工作中。

『学以致业，研以报国』

兴之所在，即是安身立命之处。关于学业方向与就业选择，林洪周认为个人性格与工作能力是关键因素。他谈道：“我们学校的学生从来不愁找工作，一般在八九月份就能拿到很多offer。但是具体要从事什么行业，这主要由个人的性格、兴趣和做事能力来决定。”在工作中，他发现那些自身性格比较开放自由的，更喜欢从事管理培训。林洪周身边的人也是这样，大家兴趣不同、性格不同、能力不同，工作方向和就业重心也就有所差异，但无论是选择就业、出国留学还是科研深造，经过这么多年的打拼，大家都在自身的领域有了一番作为。

事必有法，然后可成。林洪周认为个人兴趣和方向固然重要，但还是要找到属于自己的学习和做事方法，培养自身的核心竞争力。正如林洪周做研发，既需要学习方法，也需要做事方法，只有将两者融合，才能够在工作事务中取得长足进步。与此同时，他还强调“要从学生时代打好基础，培养自身的核心竞争力”。林洪周谈到他的研究生时代，“那时我和导师一起做过很多网络监控相关的产品，以前是基于TCP、IP的。比如网络上写一个关键词，只要这几个字出现在网络流量中，那就可以通过监控设备把这段流量以及前后的内容全部捕捉到，将它们放到数据库里检查，便可以追踪到原始地址，判断是谁发了这个关键词”。正是在学生时代的坚实基础，让林洪周在现在的工作中进展更快。

『积极主动，锐意进取』

积极行事，方可有为。在谈到大学生需要着重培养的能力时，林洪周指出：“最重要的还是做事情的积极主动性，日后工作中你会发现，解决问题的能力，取决于一个人对问题的重视程度和努力付出的程度。”林洪周指出，很多大学生刚毕业面对工作任务时，总是不知道该把工作做到何种程度，有些人做得非常简略，也有人做得充实出彩，这就取决于员工对这项工作的认识程度和积极主动性。

开放思维，勇于尝试。当问到究竟是能力限制了发展还是主动性限制了发展时，林洪周回答道：“主要还是思维认知和做事方法的问题。把一件事情做好的方法有很多，但很多人并不想去探索新的可能性，囿于既有方法，这便是思维禁锢的表现。就像老师给你布置的作业一样，一个课题的完成可能有很多方式，你对待课题所花的时间，就决定了你能出的结果，在工作中也是一样。又如老师布置一个电子类的课题，以设计电路完成某些功能为例，有的人插个板子就当作完成，但其他人可能会想到更好的方法，例如用芯片来实现，又或者把代码和波形都提交到最终的报告中，以一种更好的方式完成任务。这些都取决于你的思想和态度，看你能够想到怎样去完善你自己做的课题。”

访谈最后，林洪周也衷心希望每位同学都能够找到自己的理想与目标，心有所愿，行以致远。

刘岚：选择、积累实现“芯”发展，趋势、资本成就“芯”未来

刘岚，华中科技大学电子科学与技术系 2002 级校友，现为南京俱成股权投资管理有限公司投资总监。

在深圳，技术与资本时刻交融，共同推动产业和城市向着未来快速前进。有这样一群人，他们在半导体行业的技术企业与资本链条之间连线、权衡，刘岚就是其中一员。当专业技术背景链接上广阔的资本世界，华中大人以理性智慧的判断抉择与扎实稳健的技术功底铺就了通向跨越发展的康庄大道。

『谈个人成长——从学生到职场，每一瞬都很精彩』

2002 年，刘岚进入华中科技大学电子科学与技术系学习，她认为华中大给她带来的能力成了她日后开展工作的基石，无论是采购还是投资，在大学时期获得的学习思维和基础知识都起到重要的作用。“当谈及我毕业

于华中大电子系，其他人都会觉得很厉害、很优秀，这就是华中科技大学带给我们的荣耀，是这么多年培养出的学生在外不断拼搏所积累的口碑。”刘岚这样评价她华中大人的身份。

在本科阶段中，华中科技大学浓厚的学习氛围给刘岚带来了深刻的印象。此外在学生工作方面，她也积极投入：参与华工杯女篮比赛获得团体第五、大一担任院学生会女生部部长，大二担任院学生会副主席等。凭借优异的学业成绩和学生工作成果，刘岚保研进入电子系姜胜林教授课题组。追忆大学生活，刘岚感慨万千，在她看来，大学生活是人生中最纯粹的一个阶段——一分耕耘，一分收获，只要沉得下心努力学习，总归能获得自我提升。

2008 年，刘岚硕士毕业。那时恰逢全球经济危机，流行进入外企工作，刘岚也参加了宝洁公司的面试，从几千人中脱颖而出，但是最后一轮中失利。“但我现在非常庆幸进入到了科技行业这个赛道。人生有时候的失意并不见得是真的失败，峰回路转、柳暗花明，可能那并不是最适合你的选择。”在拿到了华为和中兴两份 offer 之后，她来到中兴通讯，担任采购认证与物料技术岗位。由于工作需要和轮岗制度，刘岚需要不断充实各个方面的新知识、探索各种新技术。同时，由于采购与物料认证工作职责涉及通讯产业链上下游，她也因此极大地拓宽了视野，收获了不少行业人脉与合作伙伴。这段经历使她积攒了足够的科技行业工作经验，也寻得了在产业链工作的价值。短短几年间，刘岚就成长为部门骨干。

2016 年，刘岚开始向产业投资方向发展，并如愿加入了中兴创投。“从单纯做实业转向投资岗是比较困难的，对一个人综合素质的要求非常高”。具体而言，她认为投资工作和科研技术工作最大的不同是：科研是可控的，是有据可循的，可以从量变到质变不断积累的，但是投资工作需要在巨大的不确定性中寻找确定性，需要对行业有深度的理解和广泛的积累、对技术方向有前瞻性的把握，对人本身以及对企业经营具有深刻的洞察力，并且要求从业者具备良好的沟通技巧及极高的情商。2018 年，中兴创投核心团队创立了俱成投资，累计五期基金共投资一百六十余家企业，其中上市公司近五十家，成绩斐然。

『谈行业发展——志存高远，抓住我国半导体产业的上升期』

对于我国的半导体产业，刘岚有着自己的见解。刘岚硕士毕业时的2008年，我国半导体行业仍然非常落后，又遭遇经济危机，国内的研发岗位及技术人才都十分不足。2008年至2016年，这一时期正是我国光通信行业从完全依赖进口到国产替代的高峰阶段：2G、3G到4G无线通信的发展，有线通信“光进铜退”，ADSL与传统的“猫”（调制解调器）逐渐退出历史舞台……我国通信行业实现了飞速跨越。然而，暗藏在繁荣景象下的是我国核心IC及器件无法自主研发生产、依靠外国进口的状况，“空中楼阁”的弊病逐渐显现。2016年，随着美国突发的技术封锁及制裁，行业的缺“芯”之痛彻底暴露。即使中兴通讯很早便开始布局关键器件的国产化替代，受限于国内半导体全产业链的落后状态，核心材料、设备、IC及关键器件均无法实现自给自足。供应链短缺导致中兴通讯整体业务全面停摆，付出了沉重高昂的代价之后才换来和解。对于我国的半导体产业链，刘岚认为，中国制造需要迈进新的时代，依靠核心技术取胜。现今国家和人民对芯片及半导体技术的热情和关注到了前所未有的高度，“当前以举国之力去发展半导体行业，但这个行业不是靠口头吹嘘或是资本堆积就能完成的，板凳要坐十年冷，唯有一代一代工程师的接力与沉淀，才能真正把这个行业做好。”

『谈期待寄语——积累沉淀，踏实稳重，积极向上』

基于自身心路历程，刘岚对同学们的成长与发展也提出了许多期待。首先在职业选择上，在她看来半导体行业产业链条长，从科研、设计、生产到销售、投资，在就业市场中并无好坏之分，只看是否适合。但是无论从事哪个板块，一旦认准就要全身心投入，切忌半途而废，否则只会得不偿失。她也强调同学们一定要重视在校期间的学习，尤其是扎牢基础知识和培养思维能力能够在未来的工作中起到重要作用。

在是否深造上，刘岚建议还处于本科阶段的同学们尽力追求学业的进步，硕博毕业后将拥有更加广阔的天地，以及“高校—企业”的科研转化也是一条不错的发展道路。关于创业，她则不倡导本科生直接创业，尤其是在科技领域，由于缺乏长时间的各种积累，走向成功的可能性较低。而第一份工作她认为相对成熟的大公司是更优选择，能够帮助同学们形成好的职业习惯，在此基础上再去追求自我实现将会更为顺利。

“二十多岁就是好好学习的年龄，在这一阶段不用太着急，人生是很漫长的，保持一个比较积极向上的心态，对自己有持续不断的要求，不安于现状，总能获得自己想要的结果。”刘岚以自身经历为同学们指明了道路：积累沉淀、脚踏实地、积极向上，有责任、有情怀、有想法、有追求。作为我国半导体国产化的见证者，她期待着同学们能够为半导体行业的未来创造更多辉煌。

彭刚：一次次跨越，把芯片“吃”透

彭刚，华中科技大学电子科学与技术系2002级校友，2006年保送研究生，2008年进入全志科技，现已工作11年，目前担任全志科技西安分公司总经理。

『不断摸索，走出适合自己的路』

2002年，彭刚进入华中科技大学电子科学与技术专业学习。从大学起，彭刚就不断尝试新鲜事物，那时的他兴趣广泛，骑行、看书、打篮球等活动都少不了他的身影。大三那年，彭刚主动联系学院内的实验室并提前在专业老师的指导下进行深度学习，为将来升学深造打下了基础。进入研究生阶段，彭刚毅然选择当时十分热门的太阳能方向，尽管缺乏专业指导，没有师兄师姐讨论交流，更多只能依靠自己摸索行业趋势、挖掘研究问题、寻找课题方向、撰写专业论文，他也没有退缩，而是继续深耕下去，正是这些尝试坚定了彭刚的立业决心，也铺就了他的职业持续成长之路。

2008年毕业后，彭刚选择来到刚刚成立一年的全志科技设计芯片。他谈到自己之所以做出这一决定，最初是因为被公司的英文名“Allwinner”吸引，这与他的理念十分契合。怀揣梦想与希望，彭刚在此翻开了人生新的篇章。

『从点到面，一次又一次的跨越』

从彭刚进入全志科技到现在，已经过去了十多年，这家公司也在他和团队成员的努力下不断发展，成绩斐然。

一路走来，彭刚并没有局限于舒适区，他不断跨越，持续学习，逐渐从研发芯片的某个模块到能钻透芯片研发各个环节和整体把握芯片研发全过程。在做芯片的过程中，他从负责硬件到负责软件驱动算法，再到成为项目经理、研发中心负责人，每一步都是对自己的挑战：“这个社会既需要能够深入研究的人，又需要不断跨领域然后将它们组合在一起的人，我刚好又喜欢主动开拓。”当然每一次突破都并不轻松，在彭刚看来，人生每隔一段时间就会遇到一个瓶颈期，但只要目标坚定、锲而不舍，就一定能踏入新的阶段。

彭刚始终坚守在半导体行业，对行业现状有自己的见解。在中美贸易摩擦的大背景下，他认为这其实是一次机遇。尽管目前在经受打击后，国内很多公司会偏向于选择国产芯片，但“我们有家国情怀可以，而面对现实，国内外的差距不是说你想两年追上就可以马上追上的”。而且对于业内的一些中小企业来说，其主要目标就是“生存”，暂时无法承担推进整个产业的职责和使命，如何充分整合资源、切实激发活力是亟须思考的议题。

关于人才需求，彭刚则认为现在正是芯片行业需要大批人才涌入的时候，无论是外部趋势还是内部政策，相关专业的高校学生无须担忧才能无处施展，此处正有广阔天地。

『保持学习，做永远年轻的战士』

已就职十多年的彭刚对于学校和企业的差异有着深刻的理解。学校想要培养出企业刚好需要的人才是不容易的：其一，不同企业需要的人才有差异；其二，时代发展和行业形势变化太快。彭刚认为，学校应将人才培养核心置于筑牢专业基础上。学生个人则要始终保持自身的学习与适应能力，从而跟上半导体行业更新换代的步伐。对于目前很多大学生因为选择太多而感到迷茫的现状，彭刚建议拨开表面看本质，在打好基础的前提下把握住自身发展的大方向，然后“顺势而为”。大学时期一定要多去亲身参与、体验、感受，只有这样才能更好地了解自己的目标与期望，不能一直待在“信息茧房”里。

此外，彭刚也认为丰富的业余生活是帮助缓解压力、提升自己的重要途径。除了工作和学习，彭刚的业余生活过得充实又满足，他建议现在的大学生不要宅在宿舍，要多出来尝试一些新鲜的事物，发展兴趣爱好，保持充沛精力，这有助于提高自己的学习和适应能力。

不管是学业、工作还是业余生活，彭刚都是一个敢为人先、不断超越的尝试者、攀登者，他真诚祝愿华中大学子能够在一次次的挑战中，实现人生的跨越，创造美好的未来。

杨晨：坚持不断学习的有“芯”人

杨晨，华中科技大学光电子科学与工程学院 2002 级校友，现任长飞光纤光缆股份有限公司多元化事业部特种产品线总经理。

『谈在学校和在社会上的收获——不断学习，灵活变通』

2006 年本科毕业后，杨晨选择直接就业，成为长飞公司的一员，但他并未因此放弃学习，而是在职继续攻读硕士学位，如今还准备申请工程博士学位，继续深造。杨晨基于个人经历感悟最深的一点是，同学们初入职场一定要做好从学生到员工的角色转变，快速适应自己的新身份。在学校习得的知识与经验固然宝贵，但转换场景后未免会适用，在企业的实际工作中不能生搬硬套，而是要善于转化，转化的过程亦是学习的过程。特别是初入职的技术人员，要重点思考身处企业这一新平台能够学到什么，应争取怎样的机会，如何争取机会，最终实现怎样的价值。杨晨给出建议的是，要保持长远的目光，多注重自身发展及肩上的社会责任。

提及母校，杨晨说道，朴实的学风对他产生了深远的影响，这种影响亦体现在他的工作之中。但他提醒同学们，在企业做事，质朴踏实的工作方式是基础，同时要让自身思维更加活跃，学会灵活变通、有的放矢才能走得更远。

『谈及在工作上的核心竞争力——打牢基础，快速学习』

杨晨将优秀人才在公司的核心竞争力总结为“1＋1”：一方面要注重基础，另一方面要提高学习新东西的能力。不论在哪个行业，二者都是必不可少的核心能力。他谈及学校培养工作，赞扬了华中大在专业教学方面的工作成果，并建议学生培养可以向加强专业认知深度、拓展知识维度等方面进一步拓展，比如策划与企业面对面交流的实践活动，举办相关的科技、人文讲座等。

『谈我国光纤行业上的短板和人才缺口——关键技术，核心装备』

杨晨认为，从国外对我国部分高精尖行业实施技术封锁可以看出，我国在一些关键基础性材料及制造装备领域存在短板。“从客观角度来看，学校专业授课更偏向理论层面，但这并不意味着在校学生无法运用自身所学，发挥专业特长。在校进行学术训练所形成的科学思维同样能运用于企业工作中来解决难题。”杨晨期待在校的华中大学子能够夯实专业基础，怀抱开放的心态，在目前的学习和将来的工作中找到自身价值所在。

『谈在职研究生和全职研究生的区别——偏向产出或偏向理论』

杨晨谈及企业与学校的区别时指出，企业更偏向理论成果的转化，即如果要运行一个明确的项目，需要清晰地产出目标或成果，重点在于工程的落地；学校则看重基础理论的研究、设计和逻辑运算，研究重心在于理论的突破。“每个人看待事情都有其不同的切入点，并无对错，只是角度不同而已。”虽然工作与学习齐头并进十分辛苦，但杨晨不以为苦，反以为乐，充分享受这两种身份的结合，深感由此带来的自我提升。

『谈突破瓶颈时的经验教训——坚持不懈，重在信任』

不管是从技术角度，还是从市场销售的角度来说，每个人在人生的道路上肯定会遭遇难以解决的挫折与困难。“想与大家分享，当遇到瓶颈时，最重要就是坚持，不要放弃，这可能是你解决这个问题最关键也是最难达成的一步。”取得成就除了持之以恒，也要相信自己与团队的力量，相信一定可以找到问题的边界并突破困境，更上一层楼。

即使早就脱离校园，杨晨也没有停下自己前进的步伐，而是始终坚持学习、相信自己、信任团队、保持初心、坚守使命，正是这些珍贵的品质使他成了一名真正的有“芯”人。

艾金鹏：逆向跳跃，收获精彩

艾金鹏，华中科技大学电子科学与技术系 2003 级校友，本科毕业后继续在华中科技大学读研深造。研究生毕业后，入职华为工作两年，后加入初具雏形的乐鑫信息科技公司，并在此实现了自我超越。

『行远自迩夯基础，勇于挑战谱新篇』

初识光电，深耕科研。2003 年，艾金鹏进入华中科技大学电子科学与技术专业学习，并在本科毕业后选择留校深造，师从刘振宁教授，深耕学术厚土。提起他的研究生时代，艾金鹏满是感叹："我从大四下学期便追随导师步伐投入科研领域，直至研二上学期找到工作后才逐渐转移重心。那时恰逢导师的一个 863 项目正在展开，机会难得，我便继续投入其中，负责芯片实现设计及低功耗的相关工作，这为我日后的工作打下了坚实的基础。”艾金鹏十分感激这段母校研学经历，正是这一段经历让他有底气面对一次又一次的挑战。

再度审视，定位自我。艾金鹏并非一开始就来到现在这所公司，而是随大流去了华为。关于为什么会告别福利待遇都稳定的大企业，毅然投入刚刚兴起的乐鑫时，艾金鹏这样说道：“在华为两年的工作时光中，我最大的感受就是晋升速度很慢，很难有机会实现自我的挑战与超越。机缘巧合之下，我了解到现在的这家公司，当时正逢公司起步之时，公司规模只有十多个人，给我提供了施展才华的机会，历经八年艰苦奋斗，我与公司一同成长，最终创造出了如今的成就与辉煌。”

『辛酸苦辣是人生，云开月明始功成』

砥砺奋进，方得始终。一家创业型公司能取得成功，特别是在金融危机爆发的时候，虽有“运气”成分，但更多的还是源自工程师的不懈努力与热情投入。艾金鹏回忆起乐鑫第一款芯片量产的时候，公司人手不够，他不仅需要设计芯片，还需要去往封测厂完成芯片的量产测试。“那时候公司还没有赚到钱，但对产品的良率看得很重，这是我们的立身之本。”他谈道：“为了保证产品的质量，我们负责的三个人一天三班倒，全天 24 小时在生产线上时刻待命，整日盯着生产线就怕产品出现什么问题，这种状态一直持续了三个月。那段时间我在当地的酒店都混熟了，每次走的时候都把锅碗瓢盆放到前台，跟他们说帮我放好，我马上就会回来。”艾金鹏略带调侃的语气背后，尽是经历过辛酸后取得成功的释然。

死生一线，关键时刻。要说公司初创最困难的时刻，莫过于第一款产品即将问世之时。“其实那时正是决定我们公司生死的时刻，所有人都十分重视第一款产品的成败。当时老板好不容易拿到一笔融资，但是钱不多，如果我们第一款产品出了岔子，我们整个公司都要倒闭了。”艾金鹏回忆道：“那时候我是时刻待命的，总监差不多每隔两个小时就要给我打电话，问我情况进展，有没有什么问题。那可真是危急存亡之秋也。”

调整心态，全面发展。作为过来人，艾金鹏给准备入职小公司的师弟师妹们提了一个建议："如果在小公司工作的话，还是要有一点心理准备的。"他指出，当公司规模比较小的时候，面临的工作任务也会是多方面的，这要求员工什么都要会干，这也正是小公司的魅力所在。"如果在华为的话，做很多年也可能就做那一件事。虽然初创公司也会有它的问题，但整个过程经历下来，你学的东西会有很多，然后你会觉得对整个芯片有了足够的了解，然后再谈起芯片的话，你的理解会深一点，这种锻炼也挺好的。"

『发展前景正广阔，抓住机遇好扬帆』

前景光明，市场大好。如今正值物联网技术发展的大好时机，许多大型公司诸如小米、亚马逊也打算进军相关领域，艾金鹏所在公司也将在未来从事相关领域研发。艾金鹏表示，一个技术的成熟，离不开其他的方面条件的成熟。5G、AI、大数据的崛起，云存储、数据挖掘、AI等智能化等条件的出现，必然使物联网迎来爆发。这也为尚在象牙塔中的本科生和研究生们提供了就业和科研的机遇，这个舞台期待着新鲜血液的注入，共同缔造科技未来。

自我驱动，学习深造。对于还在学习的师弟师妹们，艾金鹏建议大家培养自己把握事物、刨根问底、韧性发展的自我学习驱动力，正是这种个性品质使得他在职场中如鱼得水。与此同时，他也建议，在研究生阶段大家要好好把握机会、打牢基础，在以后工作中可以大胆尝试，实现自我突破。关于保研，艾金鹏认为有机会还是要争取深造，早日进入项目就会获得更多机会。同时，他认为华中大培养的学生做研发是具有优势的，"但是可能其他方面会有短板，综合性素质会偏弱一点"。他希望同学们能多跟外部交流，多接触社会，"这样再想问题的时候，角度也会更多"。

刘占领：转变既是挑战也是机遇

刘占领，华中科技大学电子科学与技术系 2003 级校友，先后在 TI、全志、博流三家公司承担技术支持工程师、销售工程师、产品经理、营销高管等工作。

『谈求学和职业发展经历——勇于改变，不断探索最为合适的职业道路』

起初，刘占领作为能源与动力工程学院的一名新生进入华中科技大学，后来转专业进光学与电子信息学院。本科毕业后，他跟随雷鑑铭老师读研深造。刘占领在研究生时期就坚定了模拟设计这一研究方向，直至求职阶段，他所投的简历都与 IC 设计有关。“当初我想进 ADI，但是 ADI 不招收新人。机缘巧合下，我参加了 TI 的面试并拿到了 offer，尽管 TI 给的是 FAE（技术支持工程师）岗位，但冲着 TI 外企的光芒，我还是拒掉了国内模拟芯片设计方向的 offer，去了 TI。”

就这样，刘占领选择了 TI，开始做技术支持工程师。然而，经过一年的工作，他逐渐发现自己并不适合这份职业，于是便转向业务岗位。“外企转业务是非常困难的，每月都会进行一次考核，排名前列者才有选择机会。”在如此艰难情况下，他一步一个脚印，走得坚实而稳健。2015 年底，刘占领对自身职业规划有了更明确的想法，最终决定来到国产公司全志做销售工程师。

刘占领的求职生涯充满变化，他也分析了自己从技术支持工程师向销售工程师转变的原因：“研究生期间，IC 设计占据我大部分时间，术业有专攻，在这一研究方向上我有优势，应该扬长避短。第二个原因是，我刚入职时，TI 还没有开启研发工作，公司全是营销与技术支持工作，TI 是一个典型的业务驱动型公司，理所当然，销售是 TI 中国的主航道。”

而从销售工程师转产品经理的原因，他刚开始认为待在外企是舒适圈，然而经过体验与调研，他发现销售工程人才和 IC 设计人才在国内十分稀缺。“曾经我的梦想是搞 IC 设计，但很难再走回头路，所以我结合自身优势，要做一个国产的市场人员。”出于这一想法，他的第二次职业转变就此形成，一直做到产品线总经理。

最后一次转变是从产品经理到营销高管。刘占领说道，此次转变是希望能够在初创公司挑战自己，因为初创公司从 0 到 1 开拓新业务需要懂技术、懂市场和懂业务的人冲在前线，需要找准突破口，利用公司有效的资源获得市场客户的认可。基于初创公司对人才综合能力的要求，他完成了从市场人才向营销综合角色的转变。

『谈职业选择与规划——大环境创造机遇，兴趣决定选择』

回忆起这段变数颇多的求职经历，刘占领对个人的职业规划与选择提出了自己独到的见解：“我正好在十年里换了四份职业，结合自身经历，有几个因素比较重要。第一，大机会非常重要。”在刘占领求职时期，IC 行业势头正旺，我国对 IC 领域人才的需求也十分迫切；然而，不过短短四五年，互联网企业作为后起之秀奋起直追；到如今，由于 AI 产业高速发展，芯片成为多数产业发展的重要基石，再加上国际贸易环境变换迅速，国产替代盛行，半导体开始比互联网还要热。“回顾以往，每个行业都是起伏变化，交叉式地上升。”社会大趋势的不断变化，导致求职者需要不断迎合市场要求，寻找自己与市场需求最为契合的交点。在不同的时代背景、不同的社会发展趋势下，选择正确的方向，把握好机会，是非常关键的一点。

“第二个是找到自己的兴趣。一项事业贯穿整个职业生涯其实很少见，兴趣也在随着时间和认知的变化不断变化，所以我建议各位同学要找出自己的兴趣所在。”如何找到兴趣，刘占领表示，第一要有好奇心，第二要主动学习，只有不断地发掘和学习，才能通过总结规律，找出适合自己发展的道路。从技术支持工程师转到销售工程师，是因为发现自己处在技术支持工程师的位置上无法发挥自己专业的优势；从销售工程师转到产品经理，是因为发现国内缺少优秀的国产市场人员。正是这种敏锐的观察力和学习能力，使他能清楚地知道自己追求的方向和奋斗的目标。

“第三个，我觉得是借力，即认识到一个团队的重要性。”刘占领表示一定要多思考自己对团队的价值，这能让自己时刻感受到危机：我对公司的价值是什么？我对团队的价值是什么？我的社会价值是什么？团队存在的重要性不言而喻，在团队中保持危机感，能够让人慢慢脱离“舒适区”，找准自己的位置，不至于停滞不前。

『谈对同学们的期望——积极主动，善于总结，提高执行力』

关于同学们的未来发展问题，刘占领认为，除了做出正确的职业选择外，“主动学习”更是发展阶段最为核心的能力。首先，“在学校做项目时一定要与人多交流多接触，发挥能动性，主动提要求，而不是等老师分配任务。在校学生的主动性十分关键”。这种能力在工作中也发挥着重要作用。进入职场后，尽管有前辈给予新职员工作指导，但如何依据自身情况，结合自身特点与长处，建立起自己的职业习惯，需要不断地主动学习、主动争取。

其次，刘占领也多次提到思考总结能力：“一般情况下，我会把问题想清楚，思考的范围宽一些，并尽可能深一些。”他还谈到对执行力的认知：“一是执行的动作，二是执行的结果，我认为在某些情况下执行动作比执行结果更重要。动作会影响结果，多去做，快速地做，做错了及时改正。”

最后，刘占领也将“灵活”纳入对同学们长远发展的期望中：“我们既要坚持自己的原则，也要灵活处理身边的事情，这才是长久立身之道。”

杨康：不忘初心，做半导体行业的“大国工匠”

杨康，华中科技大学电子科学与技术系 2003 级校友，大疆创新科技有限公司芯片部门工程师，负责视觉和神经网络子系统研究。

『初心不改，坚守研发』

走进大疆创新科技有限公司深圳总部，给人的第一印象便是前卫、极致和科技感。作为一个刚成立十余年的公司，大疆却能在众多高新技术企业中脱颖而出，牢牢扎根在高新技术园区。大疆这几年稳健而迅猛的发展，离不开卓越工程师们的辛勤付出，杨康便是其中一位。他以多年沉淀的学识和经验，如同一名工匠反复雕琢，打造出首屈一指的中国“芯”。

2003 年，杨康进入华中科技大学电子科学与技术系学习。那时中国的半导体产业刚刚起步，“我们进入华中科技大学的时候，老师反复强调发展芯片产业的迫切性，打比方道‘我国现在进口的集成电路比进口的石油还多’，当时我就下定决心要在这个领域做点事情”。杨康谈到，做研发的种子在大学时代就已经在他的心田播撒下去、生根发芽，而努力学习获得的扎实基础更是为他以后开展研发工作做好了准备。

2007 年，杨康本科毕业，进入联想公司担任自动化测试工程师。随后他于 2008 年加入华为，从事 FPGA 开发。当时的联想正处在巅峰期，而华为仍属于上升期，后者无论是体量还是知名度都比不上前者。谈及转变工作的原因，杨康表示：“在联想，我的工作实际上离产品很远，和我毕业时设想的技术研发有一定差距。”在追寻稳定的工作与追求深度技术研发之间，杨康选择了后者。

2012 年，随着智能手机的普及，华为发展势头愈发强劲，但杨康却做出了离开华为的决定，并在创业公司打拼数月后于 2013 年进入大疆。“在华为里工作几年之后，触目可及的是一个看上去能够预见的未来。但我想出去看一看，是不是有些新鲜的事物等待我去挖掘。”当时大疆发展迅速，急需 FPGA 工程师完成计算机视觉系统的高性能计算以及进行自研芯片的前期储备。这与杨康的需求不谋而合，他也来到大疆成立了 FPGA 部门。

谈到在大疆最有成就感的事情，杨康自豪地说：“我觉得是做过的一个神经网络处理器项目。当时的确存在很大困难，我们团队的实力和做出这样一款处理器所需的经验和能力还不太匹配。神经网络专用计算刚刚兴起，业界也没有成熟方案，但大家都愿意学习相关的知识、提高能力，走路时、爬山时、等车时都在思考关键技术点。随着一个个关键点的突破，这件事慢慢就做成了。”经过多次版本迭代，杨康团队设计的这款产品性能卓著，已经成为公司芯片的核心优势。

从联想到华为再到大疆，从电子科学到 FPGA 工程师再到芯片工程师，变化的是就业单位和工作方向，不变的是对研发岗位的坚守，以及对半导体产业的赤子之心。

『行业认知，应用驱动』

杨康在芯片领域耕耘十二载，对整个行业的认识也逐渐加深。本科毕业时，他执着于模拟 IC 的设计，“当时的想法比较狭隘，觉得做模拟 IC 有一种把技术钻到底，一切尽在掌握的感觉”。在华为 FPGA 岗位工作之后，杨康有了新的感受——并不是只有做 IC 才能够实现自我价值。“芯片是一个生态系统，重复地做一颗一颗的芯片，可能并不是这个体系里最关键的。”

此外，杨康还提到了一个趋势：IC 和应用越来越相关。如果仅对早前定义的产品做单纯芯片层面的优化，潜力是十分有限的。例如，现在人工智能很火爆，要做好 AI 芯片，就要更新知识体系，即“考虑这一产品的功能和定位，它会给这个行业带来什么变化等”，了解应用是做 IC 极其重要的方面，包括去了解市场与产品线。

『明确主线，持之以恒』

杨康回忆起大学时光，感慨当时较为闭塞，选择专业、敲定方向时并不了解相关领域，随着学习的深入才渐渐发现自己的兴趣所在。“如果大家能够早一点明确自己的方向，思考这个知识到底是如何支撑应用的，那么在学习的时候就会更加专注，更能抓住重点，了解一个事物的本质。”杨康指出，许多同学常常盲目地去尝试很多方面，但都是停留在表层，因此并未实现时间、精力投入的价值最大化。

专业学习不能一蹴而就。参加工作后，杨康常感到大学时期有一些课程学得不够扎实，便买好专业书，下班后在家继续学习。“现在大家之间的竞争很多都在细节之处，这意味着我们要在前人的基础上更进一步，所以不能怕枯燥，要花很多精力在一个小点上，这样才能最终实现突破。”

谈到对大学生的建议，杨康提到精气神的重要性。前进的道路上难免会遇到挫折坎坷，这时候要定下心来，勤于总结反思，而不是畏难逃避。他说道：“有人认为读这个专业必须出国深造，或者学生阶段必须加入什么团队，我觉得这些都是次要的，关键还是要找到自己的兴趣所在，并在感兴趣的方向上坚持到底，坚持下去总是可以做好的。”

不忘初心，追求卓越，杨康坚守在中国芯片行业，为了中国半导体产业的前景而拼搏，自始至终都怀揣着对研发岗位的极大热情。有这些默默付出的“芯”青年，中国半导体产业的崛起不会遥远。

崔长生：站得更高让我看得更远

崔长生，华中科技大学电子科学与技术系 2004 级校友，Cadence（楷登电子）资深 IP 业务经理。

Cadence 深圳总部位于深圳最核心的金融中心区深南大道，从公司里向外眺望，大楼鳞次栉比，香港近在咫尺，这里仿若深圳核心区发展繁荣的缩影。崔长生的职业经历，也正是一个登高望远、俯瞰我国乃至全球芯片行业发展全景的过程。

『谈个人成长和发展——坚守行业，不断寻找自我与行业契合点』

2004 年，崔长生进入华中科技大学电子科学与技术系学习。彼时，中芯国际在我国大陆地区的第一条 12 英寸圆晶线在北京投产，它的建成是我国 IC 制造进入新阶段的里程碑。正是在我国芯片高速发展的这样一个时代，崔长生踏入了我国蓬勃发展的半导体行业。回忆起自己的大学生活，崔长生对当时参加电工基地的实践经历记忆犹新。“通过电子系的课程，我学习到了芯片相关的理论知识。而在电工基地实践期间，我接触到了芯片、单片机等的制作，对这些新鲜的事物充满了好奇。”崔长生在电工基地的实践中发现，DSP、单片机、嵌入式等都离不开芯片，这深刻影响了他未来从事芯片设计相关就业方向的决心。

2008 年，崔长生完成了本科学业。当年金融危机正席卷全球，各大芯片设计制造公司也都处在裁员减招的行业寒冬里，但崔长生依然拿到了两份国内顶尖芯片设计公司的入职邀请。“当时前辈们说，芯片的黄金十年即将到来，”崔长生笑道，“反正这句话什么时候说都有道理。所以我还是想方设法进入了芯片设计这个行业。”

在华为海思关键技术部，崔长生主要负责数字 SoC 的设计和研发工作。“我深感自己被局部的工作所限制，一叶障目，难以纵观整体。”怀抱一览行业全景的愿景，他于 2012 年离开了当时蒸蒸日上的华为海思，进入业内的一家 EDA 厂商 Synopsys 担任 AE 工程师。2015 年，他成为国际领先的 EDA 厂商 Cadence 的一员，负责 IP 销售相关业务。

谈到职业转变，崔长生说：“深耕研发后，我清楚认识到自己更喜欢与人打交道，研发工作并不适合我，所以后来在其他公司任职时，我转为从事市场销售相关工作。”在职业生涯的数次转变中，他不断寻找自己与行业的交点，始终在半导体行业中坚守自我。

『谈芯片行业发展——互联网业务驱动，定制化与 AI』

崔长生作为国际上领先的 EDA 厂商——Cadence 的销售人员，得以在整个行业的高度上纵览芯片行业发展的全貌。“只要是业务范围涉及微电子的企业，我基本上都认识，因为他们都要用（我们的）的产品。”

在崔长生看来，如今的芯片业务已经发展到了第三个时代，正在向第四个时代快速迈进。第一个时代是集成电路刚发明的年代，这个行业中的代表企业是 TI。二十世纪九十年代台积电的出现使得整个行业出现了第一波分化，进而迈入了第二个时代，也就是生产厂商和设计公司分离。2002 年，ARM 的出现使芯片行业跨进了第三个时代，整体芯片的设计难度降低，同时一系列国际协议标准的出现为芯片提供了标准化的 IP 接口，极大缩短了开发的难度和周期。这一阶段的代表性公司是联发科、高通和华为海思。如今，芯片行业正在向一个新的方向发展，越来越多互联网企业参与到芯片行业中。定位于智能互联网行业的定制化芯片已经初见规模。崔长生认为，原来的市场是由芯片厂商去定义规则，但在未来，随着定制化芯片的普及，场景的定义会愈发重要。芯片设计这个行业将会长期存在，但普通的芯片设计公司已经呈饱和状态。

对于传统的芯片设计企业，崔长生有自己的看法。当摩尔定律逐渐失效，除去顶尖的大型数字 SoC，大部分的芯片不需要非常先进的制程。目前，多数芯片制作所需技术在前几代制程中已经成熟，过度追赶先进的制程只会大幅增加成本。如今，芯片工艺的发展重点变成了封装技术的更新，例如多层的 3D 堆叠，也就是在芯片上“盖高楼”来容纳更多的器件。而目前芯片行业的增长点则在 AI 技术方面。

『谈对同学们的期望——了解趋势，学会交流，做对选择』

对于同学们的发展，崔长生认为我国在数字大型 SoC 的设计上已经走在世界前列，但是我国的芯片产业链还是存在短板，主要体现在芯片制造上。“如果同学们以后进入芯片设计行业，将会面临 AI 和业务场景被互联网公司定义这两大趋势。因此我们做集成电路方面的研究，要跳出固有思维框架，关注一些业务场景，不能眼里只看到芯片。”他希望同学们向计算机、架构、人工智能方面拓展知识面，为紧跟时代潮流做好准备。

崔长生的销售思维让他能够从技术人员容易忽视的角度来看待问题。作为芯片科技领域的销售人员，不仅需要强大的专业知识背景，也需要优秀的人际交往能力。在学校的学习与生活中，他建议同学们积极参加各类学生组织、社团举办的活动，以锻炼沟通表达等能力。

“学习集成电路专业并非未来一定要进入该行业；若是进入这行业，也并非局限在芯片设计这一方向。选择权在自己手上，从事销售抑或投资都可以，目光要放长远。”崔长生谈论最多的便是，看得更远，看到趋势。他自身也是在这样的不断眺望和追逐中认识了整个行业，也找到了自我与行业的契合之处。

徐祖应：一束永不止步的光

徐祖应，华中科技大学光电子科学与工程学院2004级校友，本科毕业后留校担任辅导员2年，随后继续在本校攻读硕士。研究生毕业后加入长飞光纤光缆股份有限公司（以下简称"长飞公司"），现任长飞公司子公司——长飞光坊（武汉）科技有限公司副总经理。

『实力决定高度，挑战成就自我』

校园工作，内化于心。2004年，徐祖应成为华中科技大学光电子科学与工程学院的一名学生，并于本科毕业后留校做了两年本科生辅导员。谈及两年的辅导员经历，他表示，那段短暂但珍贵的经历对他日后的工作大有裨益。"不少我当年的学生成了我现在的客户，还有的成了我的同事，在我现在的公司里担任骨干。"徐祖应说道："当年我也曾在考研和当辅导员之间犹豫不决，但现在回过头发现，那两年的校园工作经历，就像一颗熠熠生辉的明珠，照亮了我的整个职业生涯，帮我内化出低调、务实的优秀品质，帮助我在企业中做得更好。”

企业闯荡，挑战自我。2013 年研究生毕业后，徐祖应加入了长飞公司。“当时我获取到两个让我受益匪浅的观点。一个来自杨克成院长的讲话，他说人可以选择很多条曲线，若留在高校，前期的曲线会非常平坦，可能要在后半程重点发力；但若进入企业，那么你的成长则会非常快，前期的纵坐标值相对会更高，不过到了后半程可能就不会像高校里面那么稳定。但总体来说，最后两个曲线与坐标轴围成的面积是比较接近的，但是每个人面积的大小不是取决于自己的选择，而是取决于个人的努力，取决于学习能力，等等。另外一个来自与唐院长的谈话，他认为，企业可能更加适合我，我也非常认同。与唐院长的交流应该是我选择企业的一个比较大的原因。最后，从我个人来说，我认为男人还是要出去闯荡一下。”也正是这样的闯荡精神，让徐祖应在企业中的发展非常迅速。“假如当时我选择留在学校，我也不会后悔，我有很多留在高校的同事，他们现在也发展得非常好。”徐祖应最后补充道。不后悔自己的选择，不断提升自己的个人能力，造就了他现在的高度。

『与科技同进步，和企业共成长』

与时俱进，不断创新。徐祖应所在的长飞公司是全球领先的光纤预制棒、光纤、光缆及综合解决方案提供商。企业发展的规模与高度，与其战略部署和人才建设密不可分。为实现更高质量发展，长飞公司以全业务增长、国际化、多元化、技术创新与数字化转型、资本运营协同成长五大战略为指引，通过加大自主创新力度、加快数字化转型、扩展国际化多元化业务布局、建立分子公司和投资并购等诸多措施，不断实现新的突破。

找准方位，定向发力。特种光纤是长飞公司引以为傲的一个方面，“特种光纤只占了我们光纤总量的 5%不到，但是它解决了各行各业提出的难题，主要面向电力传输、石油石化等行业客户。特种光纤的种类非常繁杂，我们统计过一共有二十个大类，两三百个子类。长飞公司的特种光纤产品性能优异，能最大限度满足客户的不同需求”。说到这里，徐祖应的言语中流露出一股自信。正是这类兢兢业业的长飞人的共同努力，才造就了长飞公司在国际光纤光缆领域不可撼动的地位，助力中国在光通信技术发展的道路上不断追赶并实现超越。

『学习永不止步，实现自我突破』

持续学习，培养帅才。在整个访谈过程中，徐祖应提到最多的就是坚持学习，不断提升自己的实力。快速学习的能力在企业中十分重要，这一点在高校中也同样适用。徐祖应对华中大的人才培养模式给出了自己的见解：“华中大毕业的学生，其个人能力是毋庸置疑的，他们工作踏实、解决问题的能力很强。”但是他认为，当公司需要人去领导一个团队，去组织工作，或者说去创业的时候，有组织、领导能力的帅才就显得极其珍贵。“我们不仅仅要培养人才，更要培养帅才，他们要有领导能力，有全面的战略思维，有熟练的管理能力。”

锤炼自我，全面发展。访谈最后，徐祖应寄语同学们：“打铁还需自身硬。首先，要有十分坚毅的品格，遇到困难不要轻易退缩；其次，要充分利用好学校的资源，开拓自身视野，广泛结交朋友；再次，要在这个基础上，珍惜大学时光，把大学知识学好，无论将来是否能用上，它都将对你的思维、行为方式产生重要影响，同时要学好英语，未来社会需要更多的国际化人才；最后，就是放松心态，无论如何选择，都要去热爱生活，永不放弃。”

正是一个个永不放弃的长飞人，才打造出在国际上技术领先的光纤，让中国在光纤产业上不受制于人。徐祖应像永不止步的追光人，在光的指引下前行，不断突破和超越。正是千千万万个追光人夜以继日地付出与努力，才让中国在以光纤等为代表的先进制造业领域不断突破，领跑全球。

余信天：为人生和行业发展提出自己的“解决方案”

余信天，华中科技大学光电子科学与工程学院2009级校友，目前在光迅科技担任销售部职员。

『角色转变：从摸索到全新认』

从学校走入职场，余信天和大部分校招生一样，都经历过一个所谓的“瓶颈期”。大学时，他按部就班地上课、复习和考试，努力的方向很明确，要走的道路很清晰。而到了企业后，一切都要靠自己探索，余信天开始对个人发展感到些许迷茫。

光迅科技为了帮助员工尽早适应职场生活，特别设立了“导师制度”，以老带新实现经验传承。这一做法让余信天认识到自主意识的重要性。“尽管有导师带队，但遇到怎样的导师是你无法把控的，有的导师很细致，但有的比较忙碌，无暇顾及你。所以从大学进入工作岗位后，要培养并保持自主学习的意识，否则心里可能会产生比较大的落差。”

此外，余信天也经历了一个思想转变的过程——刚开始他也和大多数毕业生一样，想去研发岗一显身手，但最终被销售岗录用。他起初有些沮丧，以为来到销售岗就意味着与技术的分离。但现在的他对销售岗的看法已发生彻底的转变，“久而久之，我觉得做销售也是十分开阔眼界的，并且同样需要对技术的理解，我真正接受并认可了这份职业”。

回忆起参加工作以来的人生轨迹，余信天明显感到“社会”在自己身上打下的烙印。不同于学校里一心钻研学习和研究，当要直面社会、努力生存，甚至还要承担家庭生活重担时，个人规划的切实性、急迫性就显得尤为关键。“你总是得拿出一个解决方案来应对你的生活，必须适应社会的法则。”余信天坦言道。

『求职秘诀：技术+效率+细节』

虽然是一名销售岗员工，但余信天也常与公司的硬件、软件工程师打交道。因为在与其他企业“谈生意”时，不仅需要交流技巧，也要进行一些技术支持的操作，所以他把自己在科技企业的工作定义为“以技术为导向”。

对于营销岗来说，由于光迅公司出售的产品科技含量较高，在与客户交流的过程中，一个优秀的销售员首先要有扎实的专业基础知识，并对公司产品有全面的理解和把握。这决定了一名销售岗员工进入企业后仍要保持学习的姿态，“你可能不会像研发人员那么了解其中的情况，但也必须深入了解。如果是经验丰富的销售，他们甚至可以独立进行一些技术展示行为。”此外，一位销售员的核心技能是“沟通”。尤其是光迅公司的销售员，面对国内外各种企业的采购代表，须采取不同的应对策略，因此灵活变通的能力极为重要。

至于研发岗位，其更侧重员工的技术本领。以光迅内部的硬件工程师岗位为例，它要求工程师具备一定的光路分析能力，同时有一定的PCB电路板设计经验。与人们通常的理解不同的是，即便作为一名硬件工程师，良好的软件编程能力也是必要的，这一点在有源工程师中更为突出，具备这种能力也能进一步提升工作效率。

访谈中，余信天不止一次地谈到时间管理的重要性——这是大多企业都十分看重的素质。除了对时间的把控，企业通常也很重视一个员工对待细节的态度。余信天表示，“领导们都是过来人，会在员工刚到岗的这段时间里观察他们的潜力如何，所以员工在此时更要耐下心来、注重细节，将手头的任务保质保量地完成。”他进一步谈道，“脱离学校到社会来工作，就感觉自己得长大，或者说得‘立业’，先把自己的事业做起来。在公司工作的过程也是经历社会化洗礼的过程，能更好了解社会规则，促进个人成长。”

『华中大情结：对母校的回忆和展望』

“我们的毕业生，一望就知是华中大的学生。”余信天自豪地赞叹道，华中大学生总是有着认真、踏实和细致的作风，这种优良品质延续到工作场所，使华中大毕业生在各大企业中积聚成了“品牌效应”。然而，即使对母校培养出的人才信心十足，余信天也指出了其教学方面可待改进之处：“我们总是强调产学研结合，华中大目前可能过于注重学生的学术训练，而忽略了‘产业’方面的引导，致使‘产’‘学’之间有些脱节。”这样一来，学生对行业的发展和变化可能缺乏了解。他希望学校能进一步加强这方面的引导。

谈起自己在华中大的求学经历，余信天十分感怀，对于在读学生也给出了建议：“要明确自身的发展方向，如果有志于学术，就尽早下到实验室开展研究；如果有志于从业，就一定要学好专业技能，培养思维能力，它们在以后的工作和研究中都是很有用的。”余信天期待更多新鲜血液投入这个行业的发展中，中国集成电路的未来必将熠熠生辉。

刘煜丰：相信成长，循序渐进，做自由不拘的年轻一代

刘煜丰，华中科技大学光电信息科学与工程系 2014 级校友，武汉光迅科技股份有限公司销售部职员。

『谈职业选择——自由不拘的背后是对细节的重视』

谈到个人成长，刘煜丰肯定并感恩父母对自己的支持，认为父母是对自己影响最大的人。从大学毕业到选择工作，他的父母一直充分尊重他的决定，并不多加干涉，这或许便是刘煜丰身上那份自信与活力的由来。

2018 年众多企业在华中科技大学进行校招时，刘煜丰当即就锁定了烽火旗下的国企光迅，面试以后发现环境还不错。"当时印象最深的便是该公司免费提供的午饭，让我深感其大气，心中试想若自己能面试成功，一定加入该公司。我选择公司的理由其实很简单，如果一家公司注重细节，

我认为它值得我加入。”刘煜丰坦言。出于武汉本地人而留汉的考虑，以及在其他诸多因素的影响下，他与光迅科技结下了不解之缘。

『谈公司经历——从迷茫、接纳到成熟』

问及当初为何会被光迅选择，刘煜丰笑谈：“个人而言，首先因为我是华中大的学生，竞争力处于优势地位。自我认知上，个人没有特别突出的优点，英语只过了六级，与其他同学相比不算优势。但我为人真实，可能是面试时表达出了自己的真诚。”

刘煜丰刚入职时，难免走了一些弯路。幸运的是，光迅公司有导师制度，能让新人更快适应环境，也可以让老员工更易接纳新人。这种导师制度帮助了新人突破最初的瓶颈，等新人熟悉环境后，导师会逐渐把手上的任务分配给新人，算是工作的交接。

光迅公司主要分销售部、市场部和研发部。加入公司后，刘煜丰首先任职于销售部，工作中的锻炼使他与客户交流起来愈发得心应手。另外，刘煜丰还强调自己通过工作历练，责任感明显提升，“在工作中必须要做到对客户负责，甚至是对经理、上级负责。因为他们不是经手人，并不了解具体情况，我必须全面搜集信息并告知他们，让他们知道我在做什么，做了什么”。后来刘煜丰换过岗，从有源销售转到无源销售。在这一过程中，在大学习得的知识让他得以熟练掌握工作内容，从而深刻认识到本科学习的重要性。

当然，在整个职业发展过程中，刘煜丰也曾经历低谷和变动。“就自身而言，我一开始对销售存在一定的偏见”，不过到国际合作部任职后，他逐渐接纳了眼前的工作，平时也有许多接触产品和研发的机会。在其位谋其政，任其职尽其责，这便是刘煜丰对转岗的态度。

『谈建议寄语——重视时间管理与实践』

刘煜丰结合自己这一年的工作经历，认为本科阶段应锻炼自身的时间管理能力。他强调：“必须分配好手上的事情，确定在某一个时间点达到怎样的效果。”不仅是研发岗位，销售岗位也急需时间管理能力。销售工作纷繁复杂，需要从业人员反应迅速，多线程处理问题。在这种情况下，理清自己的思路，控制好自己的时间，便显得尤为重要。

谈及学校的本科人才培养制度，刘煜丰提出了自己的见解：“学校的培养方向是培养研究型人才，学生在这一过程中缺乏实践，虽然有暑期实践、金工实习、电工实习，但总体来说实践机会还是偏少。因此我们甚少与外界接触，甚至不知道现在市场上有什么主流产品，不知道各个公司的情况。在校学生在很多前沿信息都没接触过的情况下便要走向社会，走上岗位，在就业后才开始了解市场和行业前景。本科阶段，我对光电专业的印象就是高大上，但实际上，只要到研究生、博士生层次或海外留学后，才能了解行业最前端的东西。当然，在工作过程中也能略知一二。”

刘煜丰希望华中大学子们都能学好专业知识、夯实学科基础，切勿虚度大好时光。芯片事业的新青年们可无惧他人眼光，历经磨炼的日子自会更加晴朗。

心得体会

赓续『芯』光志，扬帆再启航

郭　曦　读万卷书，行万里路

7月初，我报名参加了学院的暑期社会实践活动——“走进‘中国芯’，践行‘中国梦’”。在此之前，作为一个理工科研究生，我对中兴事件只是通过媒体平台有过一些简单的了解。作为一个传统意义上的“乖乖女”，直到前往上海真正开始调研走访之前，我都还以为这次社会实践就像小时候参加的夏令营活动一样，只是把游山玩水变成了参观企业。但是，现在再回想起刚刚过去的暑期社会实践活动，我只能用“震撼”来形容我的体会。

首先，震撼的是出行。原计划7月22日从汉口火车站前往上海，不巧进入“魔都”没那么容易，一行17人到达汉口火车站时才发现，所有前往上海的火车都由于第十号台风“安比”登陆上海而停运。不过这也算是好事多磨，在带队老师的精心安排下，我们最终在第二天到达上海。整个过程中，我震撼于火车竟然还可以因为天气而停运，也震撼于几位带队老师的快速响应能力和对突发情况的处理能力。照顾这么大一队人出行的方方面面，真不容易。

其次，震撼的是社会实践的开展。原来以为是轻轻松松参观企业。可是，前期的准备工作阶段，我们一直都在忙于设计问卷、访谈提纲，联系相应单位，一直到出发前的一天，所有的工作都还在积极改进中。到实地走访调研企业阶段，每天早上八点不到就出门，一天都奔波在大上海各个角落，晚上九点之后才能回到住处，回来后还要整理当天的资料，准备第二天的出行。五天下来，所有队员都是满负荷在工作。虽然这是我第一次参加暑期社会实践活动，但是我知道，这才是暑期社会实践该有的状态：很累，但很充实，收获满满。对于这次社会实践活动，我也有自己的几点心得体会。

读万卷书，行万里路。我们长期以来都是在死读书，没有将所学的知识与社会实践结合起来，所以在走向社会、面对产业的时候会无所适从。社会实践是我们学生增长知识的第二课堂，是一个很重要的课堂，在社会实践中获得的知识更能让我们印象深刻。

读书不仅仅是为了找一份工作，更重要的是服务大局。在国家、社会有需要的时候，我们就应该站出来，将自己的青春和热血挥洒在国家和社会发展最需要的地方。社会实践就是一种很好的途径，它能让我们真切地感受到国家和产业发展的大势，更好地用我们所学服务国家，服务社会。

最后，震撼的是关于中国半导体产业的发展。在中兴事件发生之前，很少有人关注中国半导体产业的发展，而这次事件发生之后，各种关注、各种议论都出现了。有乐观型的，觉得一切都是"厉害了，我的国"，中兴事件只是偶然；也有悲观型的，觉得中国半导体产业从此将一蹶不振。各种议论频出，众说纷纭。在出去实践之前，我也是疑惑满满，但是实践回来之后，我的心中已经有了自己的答案。关于中国半导体产业的情况，我想我有下面几点感受。

（1）中国半导体产业的发展没那么好。相比国外，特别是美国的半导体产业，中国的半导体产业起步较晚，只是在最近二十年才有了真正的发展，在技术和人才的积累上还存在较大的短板。中兴事件不是偶然，需要我们警醒，需要我们沉下心来做点事，为国家安全和产业发展做出更大的贡献。

（2）中国半导体产业的发展也没那么差。完整的半导体产业链本身就是一个系统性的工程，很宏大，很复杂。在国际分工越来越细化的今天，中国在半导体产业的某些领域也取得了突破，这些成绩是不可否认的。

（3）我们要有信心。随着国家政府"大基金"、地方政府各种"小基金"以及社会资本对中国半导体产业的投入，中国半导体产业的发展一定会越来越好。

一次暑期社会实践，让我更了解了中国半导体产业，也让我有这样一个机会近距离的接触一个产业，触摸社会发展大势，这更坚定了我努力学习专业知识、不断提升专业素养的信心和决心。

姜钧一　　上海一行，行业一窥

紫光展锐、上海台积电、摩尔半导体、复旦微电子、富瀚微电子、上海半导体集成电路协会……其中有大公司，也有小公司，有企业，也有协会。此行之前，我对这些半导体行业的龙头或新星只能算是略有耳闻，调研之后，我站在巨人肩上了解到整个行业在国内的发展情况。

在最初分工时，实践团队考虑到本人在光学与电子信息学院的新闻宣传中心承担着学生工作，也曾经活跃在华中科技大学记者团，有丰富的采访、写稿经验，在美术、摄影方面又具有特长，便将我所在小队的新闻稿撰写同拍照任务交付在我身上。

起初我觉得这两个任务不算困难，后来才明白这两项工作当真不容易：讲究时效性，当晚尽量出稿；讲究真实性，描写尽量客观简明。可是当这些行业大牛坐在我面前，坦诚且耐心地向我们讲述、分享时，我才明白难的不是记录，难在提要转述。多少经验是过来人通过一路摸索总结出的，多少对答源自他们在迷茫、困惑时的探索，他们所经历的问题或许也将是每个迈入这一领域的后来者们将面对或正在面对的问题。一方面，我作为初入这一专业门槛的年轻人，在懵懂之中亦步亦趋，在访谈中忽见一片无垠天地；另一方面，我作为记录者、传达者，希望将这笔宝贵财富扩散传播开去，希冀对每个如我一般困惑的人有微小帮助。但奈何笔力不逮，空恨心有余而力不足。在写作过程中，我在与自己交战，无法以连贯笔法完成完整情节，只能勉强拼凑，筛出我认为的要点凑成一篇循规蹈矩的日程记录。

在写作过程中，我也阅读过网络上类似的报道纪实，但相关的文章大都流于空泛。既通行业要点，又在一线从事文字工作的人才还是少之又少。传播宣传的重要性不言而喻，其影响既可以是轰动性、爆炸性的，也可以是润物细无声的。或许，这方面的不足可以部分归结为集成电路行业发展的欠缺、人才的欠缺。

在交流过程中，各个行业、企业的领头人独有的风采深入我心，他们展现的人格魅力也是共通的。“初心”“坚持”“信念”“兴趣”，这些被心灵鸡汤反复熬煮的词，却是历经风雨的前辈们所一再强调的。他们都已不再年轻，却在提到这些时双眼熠熠闪光——这些正是让他们坚持走下去的原动力。一路走来，他们既是身处历史之中的见证者，也是以自身努力推动历史成为历史的创造者。在交谈里，前辈们笑称这个行业比不上大热的互联网行业、金融行业或者人工智能行业，但是默默耕耘一份实业，担负起国家在这一行业的发展重任，担负起中国制造中这一重要环节，让他们充满自信和希望。在他们身上，我看到了赤子之心，温暖而明亮。

抵达上海的第一日，华中科技大学上海校友分会为我们准备了接风宴。在接风宴上，几位校友强调的企业文化与个人的契合，为我打开了新的思路。再回想自身的成长过程，班级文化、校园文化其实也是如此，环境与我相互成就，在适合我的文化环境中我自如鱼得水，在那些与我观念不符的环境里我则感到前路渺茫，进退难决。可惜更多时候，我只被金钱、名次等表象一叶障目，看不到文化气质的内核，而事实也证明，文化与自我相符的程度，能决定一个人在环境里的上限。

在关于产学研融合的探讨中，我对自己的成长做了各方面的反思。“企业需要什么样的人才”，或者进一步说，产业、国家需要什么样的人才，没有人引导过我思考这样的问题，我在学校中的学习是盲目的，以为学习、工作都是按部就班、水到渠成的，从未积极主动地调整自己的定位。

在倾听谈话之余，我也通过观察他们的特点，在对比总结里寻找那些打动我、让我钦佩的核心魅力。言谈举止皆可学，于我而言，这是一堂行业发展、人才培养的讲堂，也是一堂学习与做人的综合课。我这个木讷的学生聚精会神，企图在前辈们身上收获更多。

于沪一行，短短一周，懵懂学子囫囵吞枣、走马观花，仍是获益匪浅，内心无限感激、百般敬慕，只恨太匆匆。

邢志坤

追寻中国芯片发展的足迹

"中国芯"，一个响亮而又让人不由低头沉思的字眼。2018 年 4 月 16 日晚，美国商务部发布公告称，美国政府在未来 7 年内禁止中兴通讯向美国企业购买敏感产品。一时间，中兴事件占据了各大新闻媒体的头版头条。中国半导体产业发展的痛点也备受关注。

作为一名理工科博士生，站在专业的角度，我固然知道技术的差距有多大，可是，我不曾想到国内的半导体产业面对制裁竟会如此不堪一击。

恰逢学校研工部响应教育部对高校实践育人工作的部署，在研究生辅导员陈世英老师的指导下，我们几个研究生一起申报了题为"走进'中国芯'，践行'中国梦'"的研究生暑期社会实践重点项目。没想到的是，我们的活动引起了学校教务处、团委及其他几个院系等的关注。最终，我们组成了师生一行近 70 人的庞大队伍，分赴北京、武汉等十几座城市，走访近 100 家半导体相关企业、科研院所及政府部门，调研中国半导体行业的发展现状及产业痛点，获取第一手资料，形成调研报告，为中国半导体产业的长久发展建言献策。

作为本次社会实践的队长，我跟随陈世英辅导员、朱玉玲辅导员等老师，前往中国半导体产业的龙头聚集地——上海进行调研走访工作。虽然天公不作美，原计划 7 月 22 日前往上海的行程不得不由于台风天气推至 23 日，使得原本 5 天的调研工作不得不压缩在 4 天完成，但是在上海，我们的活动得到了包括华中科技大学上海校友会等多方的大力支持，最终得以圆满完成。

在上海，我们一行 17 人分为两支小队，共走访调研 17 家企业、科研院所和政府部门。我所在的小队分别走访了康希通信科技（上海）有限公司、上海富瀚微电子股份有限公司、上海复旦微电子集团股份有限公司、摩尔精英、上海市集成电路行业协会、复旦大学微电子学院、格科微电子（上海）有限公司、台积电（中国）有限公司、紫光展锐科技有限公司。4天的行程，满满当当，我在其中收获了许多。

首先，这是我第一次参加这么大规模的、实在的暑期社会实践活动。纸上得来终觉浅，绝知此事要躬行。社会实践是大学生的“第二课堂”，是学校实践育人工作的重要环节，是我们大学生成长成才的重要途径。实践出真知，在实践的过程中，我们的立足点更高了，明白了我们在学校里也应该看到国家发展的大势，也更能理解这次社会实践活动“践行中国梦”的深层意义。

其次，祖国的大好发展态势面临着很多挑战，同时也蕴含着诸多发展机遇。在实践的过程中，我们能更好地触摸时代发展的脉搏，认识到我们年轻一代在大好时光里大有可为。

最后，关于中国半导体产业，我通过本次走访调研，有以下几点深刻的体会。

（1）正视差距，明确目标。中国半导体产业与世界先进水平之间还存在着较大差距，特别是在材料、设备及高端芯片等方面还存在明显的技术代差。但是，在最近20年的发展过程中，中国半导体人都在积极正视差距，明确发展方向，取得了长足的进步。这些进步和贡献也都是不可否认的。

（2）低调务实，厚积薄发。半导体行业的竞争是资金、技术、人才的综合竞争。随着国家层面的重视和投入，资金的问题在一定程度上得到了缓解，但是技术的积累和人才的培养是一个长期的过程，这就需要我们半导体人踏踏实实，厚积薄发。

（3）充满信心，面向未来。问题是存在的，但是我们也应该充满信心，相信凭借着中国半导体人的聪明智慧和不懈努力，在不久的将来，中国半导体产业定会迎头赶上，完成突破。

为期5天的暑期社会实践活动，很快就结束了。在这期间，上海一直都是高温酷暑天气，但行走在大上海，切身实地感受着中国半导体产业的火热发展，我们很充实，而且相信，如果各方共同努力，形成社会合力，中国半导体产业的崛起将指日可待。

为中国的强“芯”之路贡献己力

周浩然

在经历了两个星期的调研访谈，辗转于上海、北京的多家公司和高校之后，这次的中国“芯”社会实践活动于我而言算是画上了句点。时间说长不长，说短不短，从回到学校到今天提笔这一刻，20天过去了，曾经所见所闻仿佛仍在眼前浮现、耳边回响。作为一名光电信息工程专业的研究生，严格意义上说，我并不能算是芯片相关专业的学生，之前对芯片行业也只是了解一二，但在此次活动之后感触良多，深深意识地中国的芯片事业正走到最为迫切的时刻，中国的强“芯”之路步履维艰。下面我将就这次社会实践的所见所闻谈谈我的一些感想。

中国的芯片行业面临着内忧外患，问题的复杂性和艰巨性不容小觑。中国芯片产业的起源时间与美国相差不久，然而真正得到发展却是在21世纪到来之际，彼时美国已有相当可观的技术积累。在芯片这一需要时间和技术积累的行业里，伴随着市场的全球化和国内对芯片的迫切需求，中国芯片产业迅猛发展，但仍存在着诸多难以解决的问题。

首先是研发投入不足，技术迭代上步步落后。在国内芯片行业发展的初期，由于国内有巨大的市场需求，国外有先进的技术积累，便有了所谓“以市场带技术”的发展模式，这种模式一直沿袭至今，的确带来了很大的经济效益，然而却因为没有自主技术和充足的研发投入而一直陷在技术依赖的囚笼里，无法挣脱。全球半导体龙头如NVIDIA、高通、英特尔等每年投入的研发费用占销售额比例高达20%以上，而国内企业能有15%的研发占比已是万分难得。技术起步晚，研发投入低，要在技术迭代上赶超国外，难度颇大。

其次，在全球化的市场导向下，本土芯片企业生存环境狭小。21世纪是经济全球化的世纪，市场的互联性导致企业的角力对手是来自世界各地的佼佼者。由于国内芯片产业起步时间晚，因此芯片企业都是在国际巨头的夹缝中求生存，稍有起势就会受到巨头们的悉心"照顾"。市场的导向也决定了客户往往因为成本和可靠性方面的考虑而选择品牌效应良好的巨头，放弃新兴的不具备成本优势和稳定性的新兴企业。

政策扶持的温室很难孕育出芯片行业的参天大树。芯片行业的寒潮期长，起步期往往入不敷出，中国芯片行业核心技术的孕育和成长需要政策的扶持，这是毋庸置疑的，但是如何去扶持以确保在政策退场之后企业依然能够立于全球化市场大潮而不倒甚至茁壮成长，这是一个值得思考的问题。至少站在今天去看，许多企业并没有获得在扶持政策之外独立生存的能力。

最后，人才缺口巨大，人才流失问题依然存在。谈到这一点就不得不提，我们在调研企业的时候，每一家都非常热情地欢迎我们，并详细地介绍公司的发展情况以及人才需求，由此可见他们求贤若渴的心情。在访谈过程中，当我们在问到人才需求的时候，它们无一例外地表达了他们对于当代芯片相关专业学生的迫切需求，却苦于学生大多奔赴腾讯、阿里等互联网巨头抑或华为这样的巨头。据权威报告，中国的芯片人才存在 30 万左右的缺口，然而人才流失问题依然存在，许多本土企业花大成本培养的人才转眼就跑去高通、英特尔这样的国际巨头，企业看在眼里却无能为力。

中国芯片产业虽面临诸多困难，但起势明显，成效已现，强"芯"之日可期。我们在发现芯片产业潜在问题的时候，也不应忽视已取得的成果和举国上下付出的努力。

首先，校企合作逐步加强，前沿科研成果的落地更加容易。芯片企业要想从根本上实现赶超，必须在技术上实现突破。技术的革新离不开研究成果的转化，研究成果又离不开高校的投入。在前沿技术研究上，高校是走在企业前面的，然而前些年企业和高校的合作远远不够紧密。近些年来，国内高校科研项目的申报中越来越多地看到企业的影子，越来越多的大学生得以更早地进入企业实习和做项目，之前拜访的上海交通大学微电子所甚至有校企联合培养双导师的培养模式，这些都是校企合作更加深入和全面的缩影。

其次，技术、人才积累的态势良好。清华大学微电子所张磊教授说道：“在如今这样一个芯片产业发展的大环境下，美国、韩国等半导体大国的发展环境渐趋稳定，人才相对饱和；我们国内的产业发展则蓬勃向上，越来越多出国深造的芯片相关专业高才生选择回到国内创业，这在前些年是看不到的。”诚然，越来越多的学生投身芯片行业，芯片企业如雨后春笋般出现。就算最后成功的没有多少，我们也不应忽视这一过程中芯片技术和人才的巨大积累。也许短期看不到突破性的成果，但在不远的将来，这些技术和人才会成为造就中国“芯”的坚硬磐石。

再次，品牌效应已初步形成并不断扩大。如今提到通信设备和系统供应商，大多数人的第一反应是华为。就拿手机而言，十年前我们的手里的手机都是海外品牌，如今我们已经完全接纳和喜爱国产品牌。市场导向下，品牌的作用是不可忽视的，我们在十年前用着诺基亚、摩托罗拉的时候，不会想到短短几年内国产品牌就会横空出世。如今海思半导体、中芯国际、京东方等品牌的强势崛起让我们没有理由不相信在将来的十年或者二十年，我们的芯片行业也能将自己的品牌推向全球，为全世界的客户所认可和接纳。

在与各芯片企业、高校交流的过程中，来自企业的高管和学校的老师们也对新时代的芯片相关专业学生提出了自己的期待和要求：努力夯实基础知识，塑造综合能力，积极响应国家重大需求。当下日渐加快的生活节奏，使得部分大学生更愿意投身互联网等热门行业，但芯片行业强调慢活，需要时间来沉淀。虽然中国“芯”的起步较晚，但这并不意味着我们不能实现追赶甚至反超；芯片行业的寒潮期长，但这并不意味着我们大学生投身其中就没有发展空间。我们芯片相关专业的大学生，还是需要具备沉下心来做事情的心态和敢立潮头搏风浪的魄力，要以饱满的情绪投身自己所学所爱的领域，为中国的强“芯”之路贡献己力。

川渝之行感想

胡 阳

七天时间转瞬即逝，我们累并快乐着，收获颇丰。此次社会实践活动的访谈对象涵盖政府、高校、企业，让我们得以从多方面窥探成渝地区半导体行业的发展状况以及半导体行业的人才需求状况。我们先后去了成都市科技局、电子科技大学、瑞迪威科技、锐成芯微、芯空间、启英泰伦、凹凸科技、和芯微电子、中电三十所和重庆声光电。以下我将从企业、高校、政府的考虑，还有个人职业发展和当代半导体人的历史使命等方面来谈谈个人的想法。

企业的发展与行业的发展紧密相关。公司是追求盈利的，所以公司高层人员给公司指定的发展方向关乎企业生死。无论是 IP 公司、IC 设计公司，还是 AI 公司、封测公司，只要掌握了核心技术，企业就有了核心竞争力，所以人才资源至关重要。我们走访的每一家半导体企业几乎都存在缺少人才的状况，不仅缺少基础从业人员，而且很缺乏高端技术人才和产业相关的服务人员。锐成芯微受访人提出过开设半导体产业职业培训机构的想法，对此我很赞同，这与之前火爆的软件行业采取的模式相似，可以向社会输出大量基础从业人员。本次川渝之行让我印象最深的企业是芯空间，作为半导体产业的孵化器和公共服务平台，其可以整合整个产业链的资源，帮助初创 IC 设计公司快速流片，为他们提供发展壮大的机会。

此次访问的电子科技大学可以说是整个成渝地区人才发源地。从电子科技大学出来的人才遍布整个成渝半导体圈，这是有一定原因的。根据调研情况，我们发现电子科技大学的校企合作是非常紧密的。电子科技大学的本科生可以在公司参加一年的实训，流片机会很多。不仅如此，电子科技大学还邀请公司工程师直接来校授课。在这种亲近企业的氛围中培养出来的学生自然能很好地把理论知识和实践项目结合起来，同时也更符合公司对人才的需求。这是值得其他高校学习和借鉴的地方。

中兴事件的发生给全社会敲响了警钟，成都市政府也做出了相应举措促进半导体行业的发展。成都市对在本地流片的公司给予50%的补贴报销，对在外地流片的公司给予30%的补贴报销，这无疑有利于促进中小型设计企业的诞生。此外为了吸引人才，成都市颁布了许多人才住房优惠计划，同时也在推动国内外联合办学机构的建立。成都市科技局受访人提出了多个让人耳目一新的观点，比如认为我国集成电路产业落后的根本原因在于基础研究和技术研究的落后，高校应该去做基础研究，而企业应该担起技术研究的责任。中国集成电路产业不是几年可以追赶上来的，弯道超车基本不可能，基础设备的落后、EDA工具的空缺都在限制着我们，那么我们能不能在AI方面另辟蹊径，不走芯片的老路，走出受限的架构，制定我们自己的产业架构？

这次成渝调研使我的职业生涯规划更加清晰了。进入大企业，工作会做得更加精细，同时可以学到规范的公司管理知识；进入小企业，接触面会更广，氛围更加轻松自由。无论进入怎样的企业，个人扎实的专业知识、沉稳的实践能力、深远的眼光都至关重要。我深知我很幸运，我将踏着时代的浪潮，将肩负起国家芯片发展的历史使命，为集成电路产业发展贡献出自己的力量！

很高兴能与成渝队一帮可爱的老师们和同学们共事，非常感谢你们！

实现“芯”梦，我们志在必得

朱申武

此次“走进‘中国芯’，践行‘中国梦’”暑期社会实践活动意义非凡，能够加入川渝线调研成都、重庆集成电路产业，我感动非常幸运。

不忘初心、牢记使命。我们川渝线一行17人怀着共同的初心和使命走进成都、走进重庆。一路走来，有困难共同克服，有收获共同分享。

十几年来，我国在芯片领域取得的进步是巨大的，在芯片设计、应用上，我国已经取得了长足的进步，甚至在某些领域与国外不相上下。比如，在此次调研中，我们了解到，成都启英泰伦科技有限公司研发的全球首款深度神经网络智能语音识别芯片CI1006，可以支持本地语音检测、唤醒，以及数百条离线命令词条的识别，可用于智慧家居、智慧照明、智慧汽车、智慧玩具、机器人等领域，在AI语音识别方面做到了全球领先。

前段时间发生的中兴事件，让我们不得不承认中美在芯片基础领域的巨大差距，我们在专利、设备上受制于人，人才储备也严重不足。集成电路产业上的“弯道超车”说起来容易，实际做起来比登天还难。正如四川和芯微电子股份有限公司董事长所言，真正的“弯道超车”需要依靠先进的技术，主要得靠“国家队”来尝试突破。

解决“芯”痛，我们刻不容缓；实现“芯”梦，我们志在必得。

此次调研，我了解到当前我们最大的困难在于人才缺口巨大，各企业公司十分渴求人才。此次调研，我们走访了政府、高校、企业，对成都、重庆的集成电路产业有了较为详细的了解。对大家面临的问题有了更直观的认识，对我们年轻一代的责任与使命也有了更深层次的认同。

一路上有太多的不易与艰辛，感谢接待我们、配合我们调研的政府、高校、企业；感谢学院此次“中国芯”社会实践活动；感谢一路上带领我们的三位辅导员老师；感谢我们川渝线14名学生的相互照顾与帮扶。

这次作为一名学生党员参与调研，我感动高兴与自豪。我坚信在党的领导下，我们一定会在芯片领域交出令人民满意的答卷。我们是时代的答卷人，未来我们大有可为，中国“芯”梦在一代一代人的努力下，一定会实现。

乘风破浪，一往无前

何必博

2018年春，美国商务部制裁中兴，吾侪愤懑不已，深感中国芯片行业之痛，遂筹“中国芯”暑期社会实践活动。

实践伊始，我们翻开禁令研究，这禁令满纸英文，处处写着禁止中兴公司购买敏感产品。我们左右不得其由，仔细读了半天，才从字缝里看出字来，满眼都写着两个字——制裁。

中兴一事，几经周转，终撤销禁令，中兴也发出了“痛定思痛！再踏征程!”“满怀信心再出发!”的声音。然而，痛点何在，如何出发，正是我们所要深究的。

肩负使命，行至深圳。深圳之地，桥分深港，地接东莞；物华天宝，人杰地灵。改革开放至今，其迅速发展，高端企业随处可见。近年来，又引入北京大学深圳研究生院、清华大学深圳研究生院、哈尔滨工业大学深圳校区，建立南方科技大学，高等教育后起直追。城市实力之强、潜力之大，可见一斑。

走访五日，接触行业精英，叩寻行业脉搏，收获颇多。企业方面，走访了锐和微电子等公司，在车间里真正看到了芯片的生产过程，让人惊叹科技之强大，然而想到中美之差距，仍让人揪心。几家企业都谈及自身痛点所在，不得不说，中国芯片行业痛点多、痛点大，解决痛点需要从政策、人才等多方位入手，非多管齐下不能解决。

走进企业，感受到企业之间不同的企业文化。大疆科技低调作为，却不失远大志向，挂在墙上的“大志无疆”字眼昭示着它们没有边界的远大志向。中国的芯片人当有如此志向，志在千里方能有所作为。

在人才培养方面，企业、高校、政府谈及诸多方式，谈及最多的是校企共建培养平台，由企业放出项目由学生完成，让学生提早接触企业，适应企业的研发过程。由企业诉求来看，中国芯片人才培养之路，任重而道远；从高校自身角度来看，优化学生培养方案也是势在必行。

回到武汉，继续走访，与其他队伍交流，得知企业所谈问题基本一致。芯片痛点，并非某个城市所特有，而是整个芯片行业所共有。解决问题，刻不容缓。

反观现在，我们学生能够做些什么？思来想去，首先，认真总结调研所见所闻，形成报告，为芯片行业发展建言献策。“少年强则国强，少年智则国智”，用我们的声音呼吁微电子科学与工程、集成电路设计与集成系统专业的同学们好好学习，从现在起奋发图强，带着豪情壮志勇往前方。

掌舵

陈子瑞

这次“中国芯”暑期社会实践意义究竟何在？我觉得就是教会了我们做个掌舵人——找到中国芯片的发展方向，找到大学教育的发展方向，找到芯片专业的工作方向。

从国家到学校再到个人，这三个层面越来越微观，但我们的方向却越来越明确。

在这里我只谈谈自己的理解，首先是针对我们的国家而言，芯片产业的痛点究竟在哪。在走访众多企业之后，我们发现芯片行业是一条巨大的产业链，从设计到制造再到封装测试，每个环节几乎都是由不同的公司完成，而我国最薄弱的环节在于设计和制造。

在设计方面，国内缺乏 EDA 软件和 IP；在制造方面，机器设备尤为落后。这些方面，国内外差距明显，显然不是两三年可以超越的。

虽然设计和制造两个方面都比较落后，但两者仍有所不同。如果要先选择一个方向大力发展的话，我认为应当先考虑设计方面。理由有三：第一，只有设计才是决定产品的环节，之后的制造、封装测试，都只是工艺水平的问题，和产品的核心功能不直接相关。以华为为例，其开发的麒麟 970 芯片，就是由自己设计，然后找台积电代工制造的。其中的核心技术，当然掌握在华为手中。第二，从国家层面考虑，我国现今被美国限制的主要是 EDA 软件和知识产权部分。如要寻求突破，须先从设计环节入手。第三，国内的制造环节虽然落后，但短期内依靠代工是可以完成制造的。如今全球最大的芯片制造公司有三家——台积电、三星、英特尔，并不是一家独大的格局。

如果要让中国的芯片行业持续稳定地发展，就既需要国家的大力投入，也不可忽视教育的作用。如果对比国内外高等教育在集成电路方面的表现，就会发现一个奇怪的现象：国外一流大学所掌握的技术领先于企业十年，而国内高校所教授的专业知识却落后于国内企业。

要知道，集成电路行业是一个不断发展着的行业。进入这个行业所需要掌握的知识，当然有一部分是原理性的、不会轻易改变的，但同样也有相当一部分是需要与时俱进的。以我们使用的软件工具为例，一线企业所使用的软件工具至少比学校领先五年，其效率和功能都已得到很大改善。但作为学生的我们，却仍然要投入大量精力去学习过时的软件工具。我们所接触到的技术本已落后，这样一来，想要赶超国外就更多了一些无形阻力。

最后，我想从个人努力方向来谈谈我的心得。

当前国内高等教育存在一些问题，需要改进，但这并不意味着作为大学生的我们可以放弃学好知识的义务。想要成为一名优秀的工程师，我认为有三个方面需要注意。其一，有扎实的理论基础，这要看你在学校学了多少真本事。我们应当不仅仅会答题做题，更要能够理解知识背后的原理。举个例子，普通的工程师在接到一个项目之后可以按部就班地完成这个项目，但优秀的工程师还可以在项目出现故障的时候找到问题所在，这就需要对知识原理有十分深刻的理解。其二，注重实践能力的培养。芯片行业与软件行业不同，软件出了问题，修改起来并不麻烦。但芯片出了问题，哪怕其99%是正常的，那1%的缺陷也会让你全部重来。每一次流片的成本都是巨大的，反复出现故障是任何一家企业都承受不起的灾难。其三，锻炼自己的综合素质。现在的芯片集成度越来越高，逐渐向着系统的方向发展，需要多人合作完成。如果一个人能专心投入技术当中，却丝毫没有合作精神，那么他的技术也很难有用武之地。

创“芯”光荣使命，身负艰巨重任

蒋 顺

2019 年 7 月 16 日至 20 日，我随华中科技大学光学与电子信息学院的“芯”青年暑期社会实践团队，前往深圳开展了为期 5 天的校友走访活动。2018 年我也参加过中国“芯”暑期社会实践活动，那年的调研主要围绕芯片行业的发展展开，此次则聚焦于优秀校友的职业发展历程，希望能将宝贵的经验传递给更多的学弟学妹，对他们的未来规划提供参考。经过与十多位优秀校友的访谈，我自己也是获益颇丰。

在交谈过程中，各位校友都反复强调一个词——坚守。这既有对个人职业追求的坚守，也有对促进行业发展的坚守，更有对芯片强国这一信念的坚守。校友中最早有 1980 级固体电子系的黄沛，他是改革开放后最早一批来到深圳的光电人，在芯片行业摸爬滚打了三十多年，功成名就。在这个年纪，他仍然选择为行业、为国家挑选优秀的半导体行业人才，依凭自己多年的阅历培育和投资创业公司。从最早的“中国的芯片行业看不到头”，到现在的“与国外有差距，需要追赶”，正是黄沛校友这样一群人的努力与坚守所成就的。我们作为在校大学生、研究生，也即将步入社会，进入专业领域工作，需要有这样一种坚守的情怀，只有坚守才能有所建树。

还有一个感触比较深的话题就是创业。在接受访谈的优秀校友中，不乏成功的创业者，比如微纳点石的吴海宁和杰普特的刘健，他们向我们提供了宝贵的创业意见。他们认为，真正的创业，是经过深刻的思考和充足的社会调查以后，才着手去开创的事业，而不是头脑发热干出来的。创业的门槛很高，想要成为一个创业者，就注定要成为一个孤独的思想者，需要考虑资金、团队、客户等方面的各种问题。创业初期最忌讳孤注一掷，需要从基础开始一步一步来，不能把创业团队所有的资源全部投在初期的

“大目标”上，因为一旦失败，就没法重新站起来。如今寻求创业的毕业生数量逐渐攀升，我们需要这些前辈们的指点和点拨，理性看待创业，希望大家也都能找到适合自己的职业发展道路。

在与我们这几个小学弟小学妹交谈的过程中，优秀的校友代表们也纷纷对我们提出了殷切的期待。中国半导体行业方兴未艾，仍然需要我们这些后来者继续在这个领域坚守。他们强调，公司与学校的培养模式有差别，但是这不是需要我们重点关注的问题，目前在学校的学习之中，我们一定要把基础打牢，只有这样以后才能更快更好地接受公司的任务和安排。切忌眼高手低，盲目做项目，而忽略了最重要的基础知识。

推进中国半导体行业未来的发展，是我们这一代人的历史使命。从各位优秀校友代表的经验分享中，我明白了这一使命的光荣和艰巨，但我不会退缩。我会以此作为目标，不断提升自我，为中国半导体行业的繁荣发展贡献一分力量！

有志之士，任重道远

王广澳

晚睡早起的日子在深圳那几天过得如此之快……

我很荣幸参加这次光电"芯"青年在深圳的社会实践活动，真的是一次令人难忘的社会实践经历。我跟随深圳分队进行了4天的校友访谈，见到了与芯片行业相关的优秀校友。这些校友的谈吐风貌，令我印象深刻，也让我对中国的芯片行业有了更加深刻的认识。

读万卷书，行万里路。走出学校才发现，在书本中所学到的知识，对于整个行业来说是九牛一毛。尽管学了一些相关的课程，但对于行业需求来说，仍然不够。对于当代大学生来说，如今芯片行业发展迅速，我们不能局限于课本知识，需要结合行业发展和走向明确自己的学习研究方向，深入了解半导体产业，紧密关注行业发展趋势。

打牢数理基础，注重科研细节，培养科学思维。在与校友交流的过程中，他们大多都提到了上述这个建议。在发展迅速的半导体行业中，技术迭代是很普遍的。要想在这样的行业中站稳脚跟，就需要打牢数理基础，重视课程学习，但是不能只为了考试而学，更应该关注核心的原理，掌握最基本的理论。国内的芯片产业比国外起步晚，在半导体领域的基础研究方面仍然需要加强，在设计、EDA工具和设备上需要更多的研究。

培养行业情怀，矢志不渝。芯片行业非常艰深，以IC设计为起点，要经历软件仿真、晶圆加工和封装测试等众多环节，每一个环节都十分重要。我们需要找准自己感兴趣的方向，将其做到极致，这样才能有所突破。在大学学习方面，我们也需要做到追求卓越，努力学习专业知识，脚踏实地，认真学好每一门课。

规划未来，明确目标。对于我们本科生来说，未来的选择方向很多，可以毕业后就工作，也可以继续深造攻读研究生，还可以出国留学。每个人都会有不同的选择。在这次社会实践之后，我更坚定了自己的目标。对于我们集成专业学生来说，技术岗位需要的就是技术能力，在目前的产业背景下，本科生所掌握的专业技能还远远不够，需要更多的实验科研项目来培养技术能力。

此外，通过这次访谈，我也接触到深圳作为一个现代化科技城市的内涵，快节奏的生活、高品质的追求、严格的自我约束，都是我在未来踏入工作岗位所需的优良品质。

雄关漫道真如铁，而今迈步从头越

柳 帅

有幸加入本次“光电‘芯’青年，建功新时代”暑期社会实践，经过为期四天的调研和对十余位校友的访谈，我对中国半导体行业的发展有了全新的认识，同时也被校友们的励志故事所感动，激励自己要更快地成长起来，为中国半导体行业发展贡献自己的一分力量。

『繁霜尽是心头血，洒向千峰秋叶丹』

“我读书的时候，老师告诉我们，我国进口的集成电路比进口的石油还多，当时就觉得一定要在这个领域做点事情。”杨康这样介绍自己投身集成电路产业的因由，他一心投入产品研发，从本科毕业到现在围绕IC设计，经历了四家公司，就为了实现自己的信念。现在，中兴事件、“实体清单”等一系列国际事件，让半导体的发展受到了前所未有的关注，我们集成电路专业的学生应该更多一份责任感。黄沛指出：“中国的半导体行业和美国至少还差8～10年，虽然近些年一直在追赶，但是我们要承认差距依然巨大，要靠扎实的努力工作去改变现状。”对于我们来说，就是要努力学习，把基础打好，为将来成为芯片产业的主力军做好准备。习近平总书记说：“我们的科技创新同国际先进水平还有差距，当年我们依靠自力更生取得巨大成就。现在国力增强了，我们仍要继续自力更生，核心技术靠化缘是要不来的。”在今后的学习中，我要持续不断地鞭策自己，不忘初心、牢记使命，投身于中国半导体行业中去。

『千淘万漉虽辛苦，吹尽狂沙始到金』

陈钊校友告诉我们：“各种困难接连不断，项目有问题，失败过，但是华为一直鼓励艰苦奋斗。意料之外的困难，都咬着牙挺过去了，最后做出来的第一代数据卡芯片，当时占到了欧洲 90%的市场。”这句话让我印象深刻，在学习生活中遇到困难的时候，我是否有陈钊前辈这样克服困难的决心和意志，当一个项目看不到希望的时候，是否还能坚定向前。一个行业要发展，必须要有一些人“开疆拓土”。向未知的领域探索，勇气和坚持是必不可少的。“我们现在有很多机会可以试错，像以前是不会给你试错机会的。”傅俊明指出，我们要有勇于尝试的勇气和克服困难的决心，一步一步地把事情、把项目做好，在这个过程中不断累积经验，在错误中吸取教训，才是最重要的。

『雄关漫道真如铁，而今迈步从头越』

点石微纳公司 CTO 吴海宁，在华为工作了 19 年后，离开了安稳的工作岗位，开始了自己的创业之路。“创业，要考虑的因素非常多，包括成本、市场等，以及各种异常情况……会遇到巨大的障碍。”吴海宁校友的这种艰苦创业精神让我十分感动，虽然他已没有年轻人的体力，却还敢于跳出“舒适圈”，不断地挑战自己。我要以吴海宁校友为榜样，不安于现状，保持一颗向上的心态。习近平总书记曾说：“奋斗是艰辛的，艰难困苦、玉汝于成，没有艰辛就不是真正的奋斗，我们要勇于在艰苦奋斗中净化灵魂、磨砺意志、坚定信念。”唯有大力弘扬艰苦奋斗精神，不忘初心、牢记使命，才能凝聚起全面深化改革的强大力量，在新起点上实现新突破，最终实现中华民族伟大复兴中国梦。

为期四天的调研走访，对我来说是一次思想上的洗礼，优秀校友的经历让我备受鼓舞，使我更加明确了自己的奋斗目标，激励我努力实现自我价值。感谢本次调研的带队老师和全体队友，整个团队在调研期间团结一心、相互配合，最终很好地完成了任务。我相信，以优秀校友为榜样，通过一代一代人的努力，中国半导体行业必将迎来腾飞。

追求卓越，脚踏实地，追逐未来

廖先桥

首先，很荣幸参加这次光电“芯”青年的社会实践活动。对我而言，这是一次非凡的社会实践经历。我跟随上海分队进行了 3 天的校友访谈，见到了与半导体行业相关的优秀校友。与这些校友的对话，可谓是收获满满，令我印象深刻。

对于个人综合能力的发展来说，这次实践中我体会最深的一点就是沟通交流能力。不管是做技术，还是做管理销售，不可或缺的都是沟通能力。从公司招聘的角度来看，沟通能力也占据着很重要的位置。这启示我们，在学习过程中，要注意与同学沟通交流。在大学，要注重团队合作，这种合作不必局限于学习方面。比如，本次社会实践也需要团队合作，我们从前期准备到中期调研都体现出团队的作用，作为团队的一分子，沟通交流能力尤为重要。

除此之外，在了解各公司的基本情况及发展历程时，我也从中了解到目前的一些行业现状，以及国内半导体行业的特点。第一，国内 IC 设计方面发展迅速，但在制造工艺上仍与国外有差距，而在 EDA 工具方面与国外的差距更加明显；第二，在数字与模拟两个方向上，国内在模拟方向上仍然发展不足，从人才的储备上也能看出这两个方向的发展差距；第三，在芯片行业中低端领域，国内已经有所发展，但在高端芯片领域，国内仍存在研发能力不足的问题，高端芯片多半依赖进口；第四，国内人才缺口巨大，需要高校培养质量更高的相关人才。对于高校来说，在微电子、集成电路专业中，由于流片成本太高，本科生几乎没有参与流片的机会，只能停留在软件仿真阶段，缺乏真正的芯片加工和封装测试等环节的训练，这需要国家增大投入，促进企业与高校合作，为学生提供更多的实践机会。

对我个人而言，在上海的实践经历，也打开了我的眼界，让我有了更深刻的思考。在专业分流时，我曾思考过自己该选什么专业，而如今，我坚定地相信，我当初的想法是符合我的初心的。选择集成电路，一方面是因为我对其很有兴趣，充满了学习欲望，而且集成电路是近几年的热门话题，我对相关方面的了解较多；另一方面是因为我内心对芯片怀有热情，国内的高新科技正处于大发展阶段，我希望成为推动集成电路发展的一份子。这次实践经历让我更加坚定了自己的学习方向，使我能够以更饱满的热情迎接专业课的学习，也让我明白在学习的过程中，不能埋头拉磨，需要抬头看路，在打牢专业基础的同时提升自己的综合能力。

尽管实践活动只有几天，但对我的意义是非凡的。纸上得来终觉浅，绝知此事要躬行，由衷地感谢学院给我们提供的实践机会，也感谢各位带队辅导员的辛苦付出。我定当牢记校友们的金玉之言，做好自己，争取为中国的芯片产业贡献自己的力量。

不畏艰难，勇登中国“芯”高峰

梁家伟

为期四天的光电“芯”青年上海行结束了，我感触颇深，既对我国芯片行业有了更深入的了解，又对奋斗在一线引领行业发展的人们有了更多敬佩，但我内心更多的是对自己作为“光电人”却不根本不了解芯片行业怀有羞耻感，以及对自己之前浑浑噩噩、虚度时光没有学好专业课有所懊悔。很感激学院能给我这次机会，让我在大二结束这个关键时期再一次去深入了解我国芯片领域的情况。短短的四天，我觉得自己充满了热血，想要迫不及待投身芯片领域，为中国的芯片产业奉献自己的一分力量。

初到上海，我们跟随三位辅导员前往上海富瀚微电子股份有限公司，去拜访 1994 级校友高厚兴与 2002 级校友林洪周。在访谈期间，高厚兴就行业现状与未来发展侃侃而谈。当问到最令他自豪的事情时，他毫不犹豫地回答道是将研发的新产品投入市场。不难想象，从低头追赶到迎面赶超，凝结了富瀚微电子全体员工多少辛勤的汗水。前路漫漫，高厚兴校友用登山作比：“只有不断地向上爬，才能到达山顶。”

当天下午，我们跟随肖老师来到位于张江的坤锐微电子，访谈自主创业的 1992 级校友李强。李强校友的健谈给我留下了十分深刻的印象，在谈到本科生如何发展时，他建议我们先将基础打好，在大三时就确定自己的大方向，不论是保研、考研还是出国，都需提前做好准备。在问到从学校出来后该如何学习调整时，李强校友建议要调整好自己的心态，要让自身的实力与学校毕业生的光环相匹配。一下午的时光虽然短暂，但给我敲响了警钟——学无止境，路还长，我们仍需努力！

后面两天，我们先后拜访了复旦大学微电子学院的徐敏老师、在华为任职多年的陈静炜学长以及在乐鑫科技担任技术总监的艾金鹏学长。徐敏老师在国外工作生活多年，在他的身上我看到的是对国家的爱和对芯片行业的一片赤诚，复旦之行让我更坚定学好功课的决心，激励我静心钻研、脚踏实地不断向自己的目标迈进。在与陈静炜学长交谈的过程中，我了解到，他曾经因为过于保守而错失了一些发展机会。他告诫我们，要敢闯敢拼，不要畏惧失败，风险也意味着机会。艾金鹏学长在向我们介绍公司的大概情况时，提到在他们的第一款产品诞生之前，他们付出了很多努力，连续三个月不间断地守在生产线上，因为这一影响公司命运的产品决不能出一点差池，好在他们成功了。虽然我在学校里也进入了导师的课题组，但我在拜访学长的过程中就好像刘姥姥进了大观园，不时地发出惊叹。这个行业一切的一切都吸引着我，我迫切地想在芯片领域继续前行，为国家贡献出属于自己的一分力量。

本次上海行，我觉得不仅仅是一次实践活动，更像是一次对芯片领域的全面感触，告诉我要认识差距，埋头追赶，踏实求进。我很感激学院给我提供的这次机会，相信我的未来一定会因为这次实践而改变。作为光电人，我一定会勤奋学习，培养自己的专业技能，不负强“芯”使命。

路漫漫其修远兮

匡佳钰

短暂的上海之行就这样结束了，从刚开始时和队员们不太熟悉，到最后可以相互扶持依靠，从最初对这次实践活动还有点懵懵懂懂，到最后顺利完成分配的任务，这一趟下来，我感觉自己在各方面都成长了：做事的效率提高了，思维也变得开阔了。特别是在与杰出的校友交流的时候，我能感受到他们身上流露出的优秀品质，这无疑是我在以后应该注意、学习的地方。

上海之行的第一天上午，我们走访了在上海富瀚微电子股份有限公司工作的 1994 级校友高厚新和 2002 级校友林洪周。两位校友不止一次地提到，他们很多同学都已经不在这个行业继续奋斗了，而他们在这家公司一直坚持了下来。社会上的竞争是残酷的，很多人为了生活不得不从事和自己本科专业无关的工作，相比之下，能坚守自己的初心，在这个行业沉淀十几年的人，真的是令人敬佩。“敢为人先，追求卓越”，除了初心，两位校友也在不断创新。高厚新校友透露，公司最近的研发重点在人工智能方向，相信凭借两位校友的坚持与努力，树上总会结出成功的果实。

同天下午，我有幸见到了上海坤锐电子科技有限公司创始人之一、1992 级校友李强。李强校友向我们分享了自己创业过程中的苦与乐，特别是在 2008 年和 2012 年两次金融危机爆发的时候，他坦言那是公司最难熬的时候，稍有不慎就可能存活不下去了。创业这条路上充满艰辛险阻，荆棘丛生，很多创业者没有通过试炼，遗憾退场。创业能否成功，不仅仅是看运气，更重要的还是看核心竞争力。李强校友也结合自身经历，劝导我们要尽早确定自己未来的发展方向，早做准备去面对未来的挑战。积极应对挑战，或许这就是李强校友创立的公司一直向阳而生的秘诀吧。

第二天下午，在复旦大学邯郸校区，我们见到了 1999 级校友徐敏。徐敏老师是在国外学习生活多年后回到上海的，投身于半导体器件和工艺的研究。从徐敏老师身上，我看到的是沉稳扎实的作风，是对国家的赤子之心。复旦之行使我学会静下心来，追求卓越。冰冻三尺非一日之寒，滴水石穿非一日之功。在日后，我应当脚踏实地，努力向前。

第三天中午，我们来到上海华为技术有限公司，在 1992 级校友陈静炜的热情邀请下共进午餐。陈静炜校友是有些保守却又敢闯敢试的矛盾性格，据他介绍，他有时会放弃一些机会，而有时又敢抓住跳板奋然一跃。机不可失，时不再来，陈静炜校友劝导我们一定要抓住机会去尝试，哪怕失败了也是一笔宝贵的财富。

恰巧的是，同天下午，在乐鑫信息科技公司见到的 2003 级校友艾金鹏也是一个敢于抓住机会的冒险者。艾金鹏校友在乐鑫公司只有十人规模的时候就从华为离开加入乐鑫，公司多年的风风雨雨他都一同经历过。在公司第一批芯片研发成功进入量产的时候，艾金鹏校友和另外两人连续三个月三班倒地待在产线；在公司人手短缺的情况下，还往往要和同事们一个人当三个人用，分饰多角。所幸公司的产品成功投入市场，在金融危机和与其他公司的竞争中存活了下来。回忆往昔，艾金鹏校友很感谢自己在研究生时参与的低功耗项目，因为那时候学到的技术在他后来的工作中派上了很大的用场。

采访校友的路途虽就此结束，可从中收获的在记忆不会随着时间而褪色。路漫漫其修远兮，作为光电人，我们应牢记“芯”使命，筑梦“芯”时代。

“芯”实践指明职业发展新思路

商思航

7月22日、23日，华中科技大学光学与电子信息学院光电“芯”青年暑期社会实践活动武汉分队一行人在王玉和黄静琦辅导员的带领下，走访了长飞光纤光缆有限公司、武汉光迅科技股份有限公司和华工科技产业股份有限公司的杰出校友。这次社会实践提供的进入企业的机会，不仅加深了我对行业现状的了解，更是获得了校友们的许多宝贵建议。

自中美贸易冲突爆发以来，美国对我国进行了技术封锁。在芯片设计方面，我国拥有全球数量最多的芯片设计公司，芯片设计水平也位列全球第二，仅次于美国。我们设计出了一批优秀产品，连续几年登上世界第一宝座的“神威·太湖之光”超级计算机用的CPU（中央处理器）芯片，就是典型代表。国产手机、电脑和服务器用的CPU芯片性能也基本上达到了国际先进水平。即便如此，我国在芯片设计领域还存在设计工具方面的“短板”。芯片设计依赖电子设计自动化工具（EDA），这一工具能使设计者用计算机进行逻辑编译、化简、分割、综合、优化、布局、布线和仿真等工作，最终完成芯片设计。但是提供该软件服务的主要是3家美国公司。在芯片制造领域，包括制造工艺和制造装备方面，中国能力尚弱。芯片制造听上去像是传统制造，实际上其制造工艺和装备的精密、繁杂程度远超后者。具体来说，其工艺包括光刻、刻蚀、离子注入、薄膜生长、抛光、金属化、扩散、氧化，等等。与上述制造工艺相对应的是200多种关键制造装备，包括光刻机、刻蚀机、清洗机、切割减薄设备、分选机以及其他工序所需的扩散、氧化、清洗设备等。每种装备的制造技术要求都很高，制造难度极大，且造价十分高昂。此外，我国芯片制造所需的材料也大量依赖进口，有的材料如光刻胶甚至需要全部进口。国内半导体材料产业总体规模偏小、技术水平偏低，国产材料的销售规模占全球比重不到5%，与发达国家相比仍存在较大差距。

本次社会实践，我们怀揣着学习的心态，走访了武汉的相关企业，了解到校友在职业发展道路上的点点滴滴。

光迅科技的刘煜丰校友说：“我们要做好时间管理工作。”他认可华中科技大学学生的发展潜力，并建议同学们做好时间管理工作。长飞光纤的徐祖应校友认为不论是在学校还是在企业，都要有很强的管理能力和责任心，还要养成一种与时俱进、学习优先的思维方式。

在这次访谈中，多数校友都希望华中科技大学的学生具有自我学习的能力，这是快速融入一个企业所需的特质。在步入企业之后，需要接受各方面的综合性训练，要想脱颖而出就得看是否有卓越的学习能力。

勇立中国“芯”浪潮

陈均溢

自 2018 年以来，伴随着中美贸易摩擦的不断升温，我国经济发展上的很多问题得以暴露，其中备受国人关注的便是缺“芯”之痛。其实芯片问题并不是第一次被人们所提及，我国因为历史原因科技起步较晚，并没有赶上前两次工业革命的浪潮，因此很多技术的积累都有所欠缺。虽然伴随着科技和社会的发展，我们在很多领域都取得了举世瞩目的成就。然而令人遗憾的是，我们所提及的这些科技成果，很多都是建立在使用国外各大半导体公司提供的芯片的前提下的。因此，芯片成了我国科技发展的短板。

作为华中科技大学光学与电子信息学院的学生，我们注定要成为迎接这次风浪的“芯”青年。在这一背景下，2019 年 7 月 22 日、23 日，我作为光学与电子信息学院“芯”青年暑期社会实践团队武汉分队的一员，在学院两位老师的带领下，与十几位小伙伴一同走访了长飞光纤光缆有限公司、武汉光迅科技股份有限公司和华工科技产业股份有限公司，与三家公司的杰出校友们就职业发展、行业现状以及当前形势下“芯”青年该如何立足自身创造价值等问题进行了深入交流。

古语云，以人为镜，可以知得失。这次实践活动中，我们与长飞光纤的杨晨、徐祖应校友，光迅科技的余信天校友以及华工科技的顾婧学姐、余汉祥学长等人进行了深入交流。通过与他们的交流沟通，我发现，虽然每个人工作的领域、性质不同，但他们在关于离开学校走向社会发展这个问题上均提到了一个重要的能力——时间管理能力。其中，长飞光纤的徐祖应校友这样说：“不论是在学校还是在企业，都要有很强的时间管理能力和责任心，还要养成一种与时俱进、学习优先的思维方式。”时间管理能力是学生离开学校进入企业必须要培养的一项能力，不论任何行业，效率都是最为重要的方面，只有学会掌握自己时间的人才能在激烈的竞争中取得胜利。只有抓住有限的时间，提高时间的利用效率，多做一些事，多学一些知识，多拓展自己的视野，快速认清自我，才能建立起核心竞争力。这些话让我开始重新反思自己，虽然之前自己对时间管理能力的重要性就很清楚，但平心而论，我并没有真正抓住时间管理的精髓，有时候制定了一个详细的计划，却因为各种理由而拖延下来，其实根本上没有克服自己内心的“惰性”，而这一点则会成为影响自身发展的重要阻碍。

目前，我们这一代人正处在新的一轮科技革命中，人工智能、大数据、云计算、物联网等技术，谁先掌握和实现突破，谁就能成为下一个科技时代的引领者。新的机遇意味着新的责任，作为“芯”青年的一员，我们要不断提高自身的素质，增强自身的可塑性，多看、多学、多听、多想，努力拓宽思路，同时严格把控自己的时间，真正做到效率的最大化，只有这样才能保证自己在激烈的竞争中始终不落下风。

青春热血共诉“芯”肠，“芯”征程扬帆再起航

亓冰洁

7月22日到23日，虽然只有短短两天的时间，但与校友们的座谈让我印象深刻，受益匪浅。若说起收获，我想能分成视野见识和经验指导两个方面来述说。希望在今后的道路上，我们都能谨记师兄师姐的教导，带着热“芯”肠，建功新时代。

此地尽能开眼界，远行不为好山川。从第一站的长飞光纤，再到光迅科技，最后到华工科技，我们被校友们热情接待，参观了企业的各样产品，认识了企业文化。在长飞光纤，我们知道了光纤的组成，光纤在航空航天、石油石化及国防方面的应用和光模块的概念。在光迅科技，我们观看了智能光网络切换和超长距离传输模型，对产业规模与市场份额有了初步了解。在华工科技，激光防伪、光通信、质子放疗、雷达等丰富的激光产品让我们目不暇接，我亲身体会到了中国智能制造的先进。尚处大一的我们，虽然接触到了一些专业课，但对未来可以干什么不甚了解，此番一行，让我们对理论在实践中的应用有了更具象的认识，也给我们提供了各式各样的工作选择，山川之行虽不远，眼界尽开却无疑。

登山则情满于山，观海则意溢于海。若说产品是一个企业的成果，那么一个企业的文化则是孕育果实的根脉。我认识到，来到企业，就得牢记这个企业的文化和价值观，并将其内化为自己的人生态度，付诸实践。

桃李不言，下自成蹊。在长飞光纤，徐师兄一直强调校训里的“明德”，他把公司价值观里的“客户、责任”与品德结合起来，让我们明白在一个存在不稳定性的企业中，对工作心存敬畏感、责任感是立足之本。我想起来有句话叫“顾客就是上帝”，一个企业能降低产品成本、保

证产品质量，就是对社会负责。高山仰止，景行行止，修身立志，心向往之。

治世不一道，变国不法古。若问校友们在企业里的核心竞争力为何，他们会不约而同地告诉你是不断学习的能力，也就是常说的可塑性。从学校里的科研者到企业里的工作人，这种角色的转变本身就会逼着你去转变，不论是处理研发与市场的关系，还是处理人际关系，你都要靠自己去摸索。令我印象最深的是姚师兄，他几经辗转，有着丰富的从业经历。他承认，近十年，他不怕累了，还遇到了形形色色的人，拓宽了自己的知识面……顾婧师姐说，要激励自己去快速适应环境，还要在摸索中打造良好的人际关系。问渠哪得清如许，为有源头活水来，看来，最重要的还是在“变”中提升自己。

纸上得来终觉浅，绝知此事要躬行。为了使母校培养出更优秀的学术人才，校友们也指出了母校存在的些许不足，如实践机会缺乏等。身为大学生，我们应当多实践，去探索市场的主流产品和时代前景，主动涉猎更多的东西，培养出个性化的思维。同时，校友们提出的“将才”与“帅才”理念也让我耳目一新，原来在校友们的眼中，华中大的学生很务实，但是距离运筹帷幄的领导者还有一定距离。我暗暗想，在大学应该全面发展，不能像高三一样沉在书海里两耳不闻窗外事了，应该培养战略思维与领导能力，去追求“伯仲之间见伊吕，指挥若定失萧曹”的气派。

流光容易把人抛，红了樱桃，绿了芭蕉。大学四年，说短也短，青春年华的我们更应珍惜时光。校友们表达了对光电学子的殷殷期许，比如学好专业课，利用好学校的资源，练就自己的时间管理能力等，最后要以一个务实的态度走向社会，做到任何时候都可以用谦逊和毅力从头开始。

此次走访，我有幸与各大企业的优秀校友交流，共话“芯”知识，开阔了视野，深化了对专业的认识，并见识了优秀的企业文化，强化了自己的责任感与敬畏心，相信这些经历对以后的我踏入社会、实现学企转换大有裨益。

核心技术是求不到、买不来的，化缘是化不来的，要靠自己拼搏。在中美贸易摩擦加剧的大背景下，解决芯片行业的人才缺口和技术难题，青年人义不容辞，光电学子也义不容辞。

千磨万击还坚劲，任尔东西南北风。相信不久的将来，中国在以芯片为代表的科技前沿可以打破科技封锁，走出科技自立的光明坦途。“芯”的征程，我们必将扬帆再起航。

获奖项目

"中国芯"实践团队入选2021年全国大学生百强暑期实践团队

实践队员作品获评湖北省第十二届"挑战杯"大学生课外学术科技作品竞赛一等奖

李玲老师指导团队取得的成果入选"全国大学生暑期实践成果TOP100"

姜波老师获2021年全国大学生百强暑期实践团队优秀实践带队教师称号

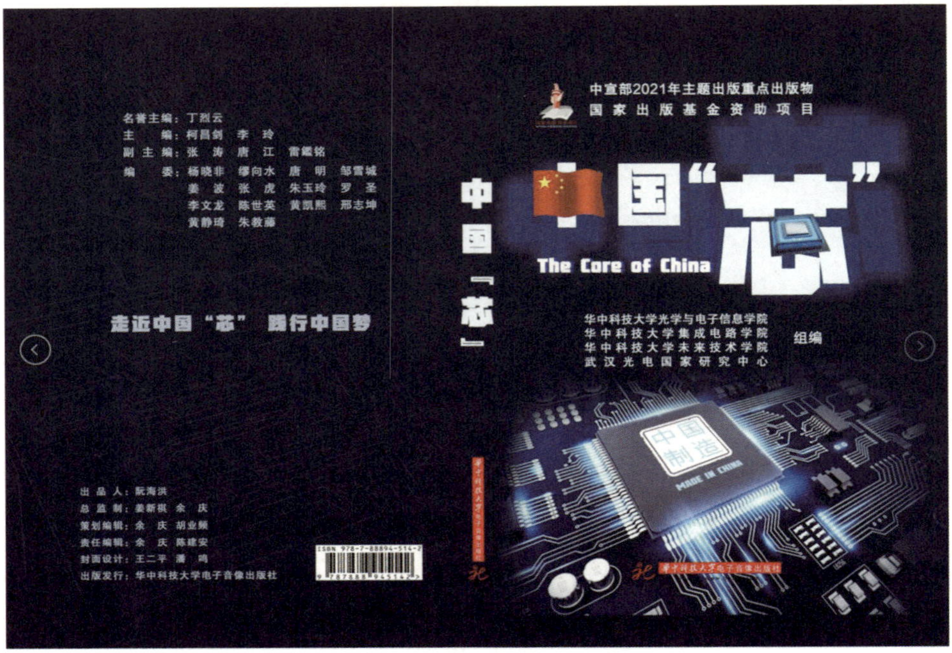

"中国'芯'"获评中宣部2021年主题出版重点出版物国家出版基金资助项目

"中国芯"社会实践团队还于2018年获评全国大中专学生志愿者暑期"三下乡"社会实践活动优秀团队。其开展的"青春心向党,逐梦新时代,壁画'芯'未来"实践项目于2022年获评湖北省大中专学生志愿者暑期"三下乡"社会实践活动优秀项目。此外还有其他系列成果与奖项，此处不再列明。

实践集锦

“走进‘中国芯’，践行‘中国梦’”暑期社会实践出征仪式

“奋斗百年路，启航‘芯’征程”暑期社会实践出征仪式

"中国芯"社会实践队临时党支部成立

实践活动出征授旗仪式

光学与电子信息学院党委副书记李玲带队参观赛意法生产车间

缪向水老师指导项目实践

柯昌剑老师指导项目实践

邹雪城老师指导“中国芯”实践项目

深圳分队出发前合影

参观光谷"芯"国家级集成电路产业基地展厅

参观国家集成电路设计深圳产业化基地

参观京东方

参观中信科技术实践项目

杭州洪芯董事长和实践队员深入交流

前往富瀚微电子公司拜访校友

前往华为总部拜访校友

实践队内部会议讨论

实践队调研芯动科技

实践队员在杭州士兰微公司合影

调研武汉新芯

武汉分队前往光迅科技拜访校友

在成都调研

在格科微电子公司与校友进行座谈

在光迅科技座谈

在汇项科技座谈

在敏芯半导体调研座谈

在深圳芯生半导体座谈

在新思科技调研

在中信科走访调研

走访比亚迪半导体

走访电子科技大学

走访烽火通信

走访富瀚微电子

走访华大九天

走访华工科技

走访华为研究所

走访汇顶科技

走访聚芯微电子

走访全志科技

走访锐和微电子

走访深爱半导体

走访深圳大学

走访中芯国际

走访紫光展锐

走进清华大学开展访谈

走进无锡高新区